特种钢结构焊接技术

陈晓明 等著

中国建筑工业出版社

图书在版编目（CIP）数据

特种钢结构焊接技术/陈晓明等著. —北京：中国建
筑工业出版社，2019.12（2024.2重印）
ISBN 978-7-112-23959-7

Ⅰ.①特…　Ⅱ.①陈…　Ⅲ.①特殊钢-钢结构-
焊接工艺　Ⅳ.①TG457.11

中国版本图书馆 CIP 数据核字（2019）第 131915 号

　　本书是作者及其团队多年从事钢结构焊接技术工作研究和实践的总结，从
焊接理论到具体工程实际全面介绍了特种钢结构焊接技术。全书共 11 章，包
括绪论，建筑钢结构常用焊接技术，低合金高强度钢焊接技术，耐候钢焊接技
术，耐热钢焊接技术，铸钢件焊接技术，超厚板焊接技术，特殊节点焊接技
术，特殊构件焊接技术，现场大型钢结构焊接技术，钢结构焊接机器人技术。
本书内容翔实，具有较强的可操作性和指导性。
　　本书可供从事钢结构焊接工程的技术人员及技术工人使用，也可作为院校
相关专业师生教学参考资料。

责任编辑：王砾瑶　范业庶
责任设计：李志立
责任校对：党　蕾

特种钢结构焊接技术

陈晓明　等著

*

中国建筑工业出版社出版、发行（北京海淀三里河路 9 号）

各地新华书店、建筑书店经销

霸州市顺浩图文科技发展有限公司制版

建工社（河北）印刷有限公司印刷

*

开本：787×1092 毫米　1/16　印张：13½　字数：310 千字
2019 年 9 月第一版　　2024 年 2 月第二次印刷
定价：59.00 元
ISBN 978-7-112-23959-7
（34263）

前言

近年来，钢结构以其优异的力学性能，高度工业化的可加工性能，超高的预制装配率，现场安装的高精度性能，越来越适应新颖、复杂、大空间的建筑结构体系需求。钢结构在超高层建筑，大型公共建筑，桥梁结构，塔桅结构，工业厂房，海洋工程等项目中得到广泛的应用。改革开放四十多年来，我国建成了一大批具有国际影响力的钢结构工程。例如：国家大剧院、上海国家会展中心、北京大兴国际机场、上海中心大厦、中国尊、港珠澳旅检大楼、港珠澳大桥等标志性工程。

钢结构建造技术随着不断的工程实践和总结也取得了长足的进步。但是，整个钢结构行业还存在诸多瓶颈需要去突破和创新。现有的钢结构产业还是比较传统的劳动密集型产业，自动化、标准化、专业化整体水平有待提高。由此带来的成本问题、质量问题、职业健康、环保问题等制约了行业的高质量发展。

"工业4.0"概念的提出及"中国制造2025"战略的提出和推进，对钢结构行业发展提出了新的时代要求。同时，钢结构行业也将随着产业结构的调整而产生深刻的变化。传统以劳动密集型为主要特征的钢结构行业，必将向技术密集型、装备密集型、个性化生产方向发展。钢结构焊接技术是钢结构技术的一个有机组成部分。从某种程度来讲，焊接技术的机械化、智能化水平代表了钢结构产业的智能化发展水平，同时焊接质量的优劣也决定了钢结构制造的整体质量。

参与本书撰写的团队经过多年的研究和工程实践，在特种钢结构焊接方面积累了一定的经验。团队参与并指导了大量超厚板的焊接技术、高强度钢焊接技术、耐候钢焊接技术、耐热钢焊接技术、铸钢件焊接技术、特殊节点焊接技术、特殊构件焊接技术的研究和实施。团队参与并指导了以广州电视塔、上海中心大厦、央视大楼、港珠澳大桥旅检中心大楼、国家大剧院、上海世博轴等大型工程的现场焊接技术的研究和实施，积累了大量的第一手资料。笔者将其整理出来，旨在抛砖引玉，以便共同探讨研究。

本书共 11 章，各章节内容如下：第 1 章绪论介绍了钢结构焊接技术的发展和主要特点，由陈晓明、盛林峰撰写；第 2 章介绍了建筑钢结构常用焊接技术，由盛林峰、陈晓明撰写；第 3 章介绍了低合金高强度钢焊接技术，由盛林峰、陈晓明撰写；第 4 章介绍了耐候钢焊接技术，由陈晓明、徐文敏、丁一峰、杨杰撰写；第 5 章介绍了常用耐热钢焊接技术，由陈晓明、徐文敏、黄海平、高骏撰写；第 6 章介绍了铸钢件焊接技术，由陈晓明、徐文敏、丁一峰、刘颖撰写；第 7 章介绍了超厚板焊接技术，由陈晓明、盛林峰、徐文敏、刘颖撰写；第 8 章介绍了多杆汇交节点、不锈钢转动支座节点、V 柱节点、相贯节点等特殊节点焊接技术，由陈晓明、盛林峰、徐文敏、黄海平、姜金泉、刘颖撰写；第 9 章介绍了叠合式大板梁、高架钢箱梁、高架钢质防撞墙、悬索结构大截面箱形构件（压力环）、薄板小截面箱形构件（登机桥）等特殊构件的焊接技术，由陈晓明、徐文敏、丁一峰、黄海平、姜金泉、文三进、高骏撰写；第 10 章介绍了现场大型钢结构焊接技术，由陈晓明、盛林峰撰写；第 11 章介绍了钢结构焊接机器人技术，由薛龙、陈晓明、孟凡全、黄继强撰写。

本书基于笔者团队多年来对特种钢结构焊接技术的理解、研究和实践。由于水平有限，疏漏、谬误之处，希望读者批评指正，不吝赐教。

2019 年 6 月

目 录

第7章 超厚板焊接技术

第8章 特殊节点焊接技术

第9章 特殊构件焊接技术

第10章 现场大型钢结构焊接技术

第11章　钢结构焊接机器人技术

参考文献

第 1 章

绪　　论

1.1　钢结构发展及特点

钢结构是以钢制构件（部件）为主的结构，是主要的建筑结构类型之一。由于钢材具有强度高、自重轻、整体刚度好、变形能力强、加工性能好等特点，因此可以极大地满足建筑结构对大空间和特殊造型的要求。

1.1.1　钢结构发展

伴随着钢铁工业的发展，我国钢结构的发展应用经历了一个漫长曲折的发展过程，自新中国成立到现在大致可以分为三个阶段：新中国成立之初，由于受到钢产量的限制，钢结构一般在国家级重点建设项目中应用。如重型厂房、大跨度公共建筑、特殊工业建筑以及塔桅等结构等；1978 年改革开放以后，随着国家钢铁工业、钢结构设计分析、加工制造和现场安装技术的飞速发展，钢结构的应用领域也有了较大的扩展，除已有的领域外，普通大跨度厂房、高层和超高层建筑、轻钢建筑、体育场馆、大型会展中心、机场候机楼、大型客机检修库、城市人行天桥、海洋平台、管线、自动化高架仓库等均采用钢结构；1996 年以后，我国钢产量一直居世界第一，年产量超过 1 亿 t。据世界钢铁协会发布的最新统计数据显示，2018 年中国的粗钢产量为 9.283 亿 t，占全球产量的份额达到 51.3%。其中高性能钢的发展也逐步和世界先进水平接轨，钢材的质量稳步提高，钢材规格稳步增加，这些都极大地推动了钢结构的广泛应用。从市场前景看，国家加大基础设施建筑投入力度，建筑钢结构的运用将向能源、基础设施、高层住宅等领域倾斜，公路、铁路桥梁建设中钢结构比重将增加，城市地铁和轻轨工程、立交桥、高架桥等城市公共设施都将越来越多地采用钢结构。表 1-1 为近年来国内承建的一些大型钢结构工程项目，图 1-1～图 1-13 所示为项目效果图。

近年来国内承建的一些钢结构工程项目用钢量　　　　　　表 1-1

序号	项目名称	类别	结构特点(高度、跨度、面积)	用钢量(t)	备注
1	上海中心大厦	超高层	建筑高度 632m	100000	完成
2	上海国金中心	超高层	建筑高度 210m	29000	完成
3	昆明恒隆广场	超高层	建筑高度 349m	80000	在建
4	上海徐汇中心	超高层	建筑高度 352m	56000	在建

序号	项目名称	类别	结构特点(高度、跨度、面积)	用钢量(t)	备注
5	上海国家会展中心	大跨度场馆	跨度335m	100000	完成
6	上海浦东足球场	大跨度场馆	跨度211m	15000	在建
7	上海浦东机场卫星厅	大跨度场馆	跨度954m	29000	在建
8	金山何辉光电	工业厂房	钢屋架跨度200.8m	23000	完成
9	无锡华虹微电子	工业厂房	钢屋架跨度192m	13000	完成
10	上海北横通道	高架桥	跨度35～45m	33000	在建
11	军工路快速路	高架桥	最大跨度65m	44000	在建
12	上海迪士尼乐园	游艺乐园	占地面积3.9km²	10000	完成
13	海南海花岛	游艺乐园	总建筑面积约7.9万 m²	4000	在建

图 1-1　上海中心大厦

图 1-2　上海国金中心

图 1-3　昆明恒隆广场

图 1-4　上海徐汇中心

图 1-5 上海国家会展中心

图 1-6 上海浦东足球场

图 1-7 上海浦东机场卫星厅

图 1-8 上海金山何辉光电

图 1-9 无锡华虹

图 1-10　上海北横通道二期

图 1-11　上海军工路快速路

图 1-12　上海迪士尼乐园

图 1-13　海南海花岛

1.1.2　钢结构特点

1. 现代钢结构分类

现代钢结构按用途可分为以下几类：

（1）高（多）层及超高层钢结构，一般用于民用住宅以及商用建筑。

（2）高耸钢结构，如塔架、桅杆类结构。

（3）桥梁钢结构。

（4）空间钢结构，一般用于各种公共建筑、城市雕塑。

（5）工业建筑结构，如冶金厂房、电子厂房、大型存储厂房等。

（6）特种钢结构，如管线、工作平台、容器、海洋工程钢结构等具有特殊用途的结构。

2. 钢结构的优缺点

（1）材料强度高、自身重量轻。

钢材强度较高，弹性模量也高，与混凝土和木材相比，其密度与屈服强度的比值相对较低，因而在同样的受力条件下钢结构的构件截面小，自重轻，便于运输和安装，适用于跨度大、高度高、承载重的结构。

（2）钢材韧性和塑性好，材质均匀，结构可靠性高。

钢结构适用于承受冲击和动力荷载，具有良好的抗震性能。钢材内部组织结构均匀，近于各向同性匀质体，钢结构的实际工作性能比较符合计算理论，可靠性更高。

（3）钢结构制作安装机械化程度高。

钢结构构件便于在工厂制作、工地拼装。工厂机械化制作的钢结构构件成品精度高，生产效率高，工地拼装速度快，施工工期短。

（4）钢结构密封性能好。

由于焊接结构可以做到完全密封，可以做成气密性、水密性均很好的高压容器、大型油池、压力管道等。

（5）钢材为可持续发展的环保型材料。

钢结构建筑承载力高、密闭性好，相比传统结构用料，钢结构的总用料更省，连接方式可以采用螺栓连接，易于拆除，并可以回收再利用，是一种可持续发展的环保型材料。

（6）钢结构耐热不耐火。

当温度在 150℃ 以下时，钢材性质变化很小。因而钢结构适用于热车间，但结构表面受 150℃ 左右的热辐射时，要采用隔热板加以保护。温度在 300～400℃ 时，钢材强度和弹性模量均显著下降，温度在 600℃ 左右时，钢材的强度趋于零。在有特殊防火需求的建筑中，钢结构必须采用耐火材料加以保护以提高耐火等级。

（7）钢结构耐腐蚀性差。

在潮湿和腐蚀介质的环境中，钢结构容易发生锈蚀。一般钢结构要除锈、镀锌或涂料，且要定期维护。对于处在海水中的海洋平台结构，需采用"锌块阳极保护"等特殊防腐措施。

1.2 钢结构焊接技术发展及特点

1.2.1 钢结构焊接技术发展

在钢结构焊接中，从最初的焊条电弧焊，埋弧（单丝、双丝及多丝）焊，到 20 世纪 70 年代以后开始开展了实芯焊丝和药芯焊丝 CO_2 气体保护焊、熔嘴电渣焊、螺柱焊等焊接方法。

CO_2 气体保护焊电弧穿透力强，焊丝熔化率高，效率比手工电弧焊高 2～3 倍，但成本只有手工焊的 40%～50%，极大地提高了焊接生产效率，缩短了施工周期，因此在建筑钢结构焊接中越来越得到重视，已逐步取代焊条电弧焊。CO_2 气体保护焊，按焊丝可分为实芯焊丝（GMAW）和药芯焊丝（FCAW）两种。药芯焊丝 CO_2 气体保护焊，与等直径实芯焊丝相比，焊丝的熔敷效率接近于 CO_2 实芯焊。在同等尺寸的角焊缝焊接中，由于飞溅小、清理方便且焊缝成形较凹，整体效率和经济效益

甚至优于实芯 CO_2 焊。由于焊接熔池受到 CO_2 气体和熔渣两方面的保护，抗气孔能力比实芯焊强。CO_2 气体保护焊由于电弧气氛的氧化性，所得熔敷金属的含氢量极低，具有较好的抗氢裂性。药芯焊丝 CO_2 气体保护焊工艺，容易脱渣，且工效高，因此在焊接施工特别是工地现场焊接中得到了广泛应用。

药芯焊丝自保护焊由于不需要外加保护气体，使用更方便，且具有较强的抗风能力，比较适合室外焊接。但在使用过程中会产生大量的烟尘，工艺性能一般，目前应用不多。

随着焊接技术的发展，劳动力成本的上升，焊接机器人也开始应用到钢结构焊接生产中。焊接机器人焊接具有焊接质量稳定，改善工人劳动条件，提高劳动生产率等特点。一般焊接机器人都具有焊枪姿态在线可调、焊接参数存储记忆、焊缝轨迹在线示教、焊接电源联动控制等功能，特别适用于厚板、长焊缝的钢结构焊接。

1.2.2 钢结构焊接特点

1. 建筑结构新颖，造型独特，节点复杂，焊接技术难度大

随着对建筑造型要求趋向新颖、独特，超高层、大跨度结构体系越来越多，节点的构造日趋复杂，焊接接头形式多样，焊接技术难度越来越大。例如，上海中心大厦等超高层建筑中，节点形式众多，焊接位置涉及平、仰、横、立、倾斜等各种，施工难度很大。而上海浦东机场、虹桥机场等屋盖钢结构构件大多为钢管截面，现场基本为全位置焊接，且同一节点焊缝往往布置较多，相互交错，对焊工的操作及焊接顺序要求很高。

2. 钢材品种多样，强度级别高

建筑用钢材品种多样，强度级别从 Q235～Q460，并且有逐步加大运用高强度级别钢的趋势。这种趋势与炼钢工艺及焊接技术的发展相辅相成。强度高，可进一步减少建筑用钢量，减轻结构自重。目前，在一些重大钢结构工程，比如国家体育场（鸟巢）、广州新电视塔、上海国金中心等工程中都运用了 Q390、Q420，甚至 Q460 强度级别的钢材。

为了满足建筑要求，特别是在大跨度、空间结构中，多杆汇交节点、支座处等大量采用铸钢节点。小到几十公斤，大到几吨、几十吨一个的铸钢构件，考验着铸钢工艺的同时，对焊接施工也提出了新的要求。

3. 建筑用钢板厚度向大厚度方向发展

建筑用钢随着冶炼工艺的发展，趋向使用大厚度钢板。工程中钢板厚度已突破100mm，比如上海中心大厦钢板最大厚度达到 140mm。钢板厚度的增加无疑会加大焊缝金属熔敷量，从而造成焊接变形及应力的增大，焊缝裂纹敏感性加大。

4. 钢结构现场安装焊接易受外界条件影响

钢结构具有工厂预制、工地安装的装配式特点，因此，除了工厂焊接以外，工地现场也存在大量的焊接工作。现场焊接不同于工厂制作焊缝，易受外部条件影响，焊接工艺的实施受到诸多限制，比如低温、大风、高空，都给焊接操作带来不利影响。

同时，结构对变形要求越来越高，焊接造成的累积变形不容忽视，且事后难以消除。

钢结构工程焊接难度可分为易、一般、较难和难四种情况，见表 1-2。

钢结构工程焊接难度等级　　　　　　　表 1-2

焊接难度等级 ＼ 影响因素[a]	板厚 t （mm）	钢材分类[b]	受力状态	钢材碳当量 $CEV(\%)$[c]
A（易）	$t\leqslant30$	Ⅰ	一般静载拉、压	$\leqslant0.38$
B（一般）	$30<t\leqslant60$	Ⅱ	静载且板厚方向受拉或间接动载	$0.38<CEV\leqslant0.45$
C（较难）	$60\leqslant t\leqslant100$	Ⅲ	直接动载、抗震设防烈度等于 7 度	$0.45<CEV\leqslant0.50$
D（难）	$t>100$	Ⅳ	直接动载、抗震设防烈度大于 8 度	$CEV>0.50$

[a] 根据表中影响因素所处最难等级确定整体焊接难度；

[b] 钢材分类详见本书第 2 章表 2-1；

[c] 碳当量按国际焊接学会（IIW）计算，$CEV(\%)=C+\dfrac{Mn}{6}+\dfrac{Cr+Mo+V}{5}+\dfrac{Cu+Ni}{15}$。

1.3　钢结构焊接基本要求

钢结构连接，主要有锚接、焊接和螺栓连接。其中锚接工艺目前应用较少。工厂焊接主要采用焊条电弧焊、埋弧焊、气体保护焊、电渣焊等焊接方法。针对工地现场焊接，目前基本上以焊条电弧焊及 CO_2 气体保护焊工艺为主。随着建筑体量的日趋增大，钢板厚度越来越厚，现场焊接工作量也越来越大，从减轻工人作业强度、提高焊接质量稳定性出发，国内领先的钢结构承包商及科研院校等已经着手研究开发现场自动焊接工艺和设备，相信焊接机器人将会逐步运用到现场焊接上来，提高焊接自动化程度，减少人工操作。

1.3.1　焊接节点构造

钢结构节点的构造形式应在施工图设计时加以明确，且标注清晰。焊接节点的设计原则：满足节点受力要求；考虑施焊条件，便于焊接操作；确定合理的焊缝数量及尺寸，不应盲目加大焊缝量；焊缝的布置尽量对称于构件截面的中和轴；焊缝位置应避开高应力区；选择合理的焊缝坡口形状和尺寸。

目前，建筑钢结构常用构件截面形式主要为箱形（BOX）、十字形、H 形、圆管、球和铸钢件等。图 1-14～图 1-18 为工地现场一些主要连接节点的焊接形式。

（1）箱形及钢管立柱现场连接接头采用全焊接形式，根据设计要求是否需要全焊透或部分熔透焊缝（图 1-14）。

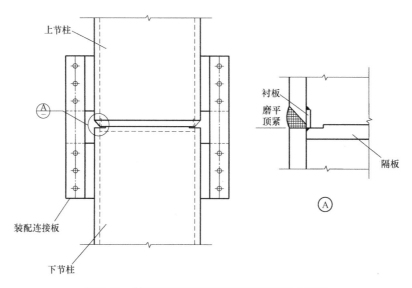

图 1-14　箱形柱现场安装节点及坡口形式示意

（2）H 形柱现场连接节点采用全焊或栓焊组合节点形式。翼板采用单面单边 V 形坡口，腹板则采用 K 形坡口（焊接）或高强度螺栓连接（图 1-15）。

（3）H 形钢梁与立柱刚性连接时，上下翼缘应开单边 V 形坡口反面加衬板，且坡口面都朝上，腹板则采用高强度螺栓连接（图 1-16）。

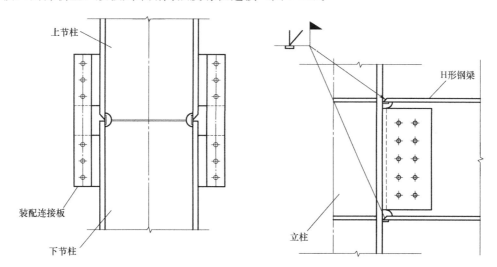

图 1-15　H 形柱现场安装全焊接节点形式示意　　图 1-16　H 形钢梁与立柱刚性连接节点形式示意

（4）箱形钢梁与立柱刚性连接时，为避免仰焊，原先常采用上翼盖板后装形式，但增加了三条焊缝，且刚性拘束大，焊接工艺要求高。近几年工程中一般较少采用这种节点形式，改成直接对接形式。通过适当增加通焊孔尺寸，衬板后装方式，以满足焊透要求（图 1-17）。

（5）次梁与主梁的连接，一般为次梁简支于主梁。因此，翼缘不连，仅腹板采用高强度螺栓连接。

（6）钢管与球连接节点，一般采用加内衬管方式以保证焊透（图 1-18）。

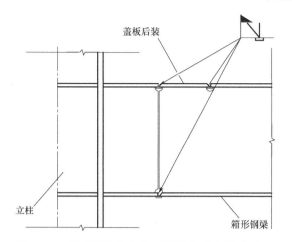

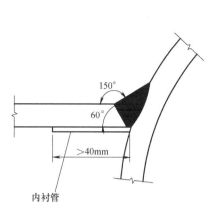

图 1-17　箱形钢梁与立柱刚性连接节点形式示意　　图 1-18　钢管与球连接节点形式示意

（7）管—管 T、K、Y 形相贯接头，在现行国家标准《钢结构焊接规范》（GB 50661）中有详细表述，在现场装配时要控制接头间隙。

1.3.2　焊接方法选用原则

选择建筑钢结构的焊接方法，最主要的是保证质量的前提下，从焊接效率、经济性等方面进行考虑。决定焊接方法时，一般应考虑以下问题：焊接构件的材质和板厚；接头的形状和坡口精度；焊接接头的质量和效率；焊接位置；进行焊接的场地和环境条件；焊接设备的费用和焊接成本。

焊接作业的效率通常以熔敷速度和熔敷效率表示。熔敷速度一般以单位时间内（每分钟或每小时）焊接材料熔化成焊接金属的量（g/min）来表示；熔敷效率是指所用焊条或焊丝的重量与熔化成熔敷金属的重量之比（%），它表示焊接材料的利用率。

焊接费用主要包括下列各项：

焊接材料费，一般由焊条（焊丝）、保护气体（CO_2、Ar 等）和焊剂的价格构成；焊接工时；电费；焊接设备的折旧费和利息；设备保养费。

各种焊接方法消耗焊接材料的多少与焊接接头和坡口形状有关，合理选择焊接接头形式和坡口形状，可以有效地节约焊接材料的费用。

1.3.3　对焊接技术人员及焊工的要求

1. 对焊接技术人员的要求

建筑钢结构焊接的全过程，均应在焊接责任工程师的指导下进行。焊接责任工程师必须具备工程师以上的技术职称，并应由现职工程师担任。焊接责任工程师和其他焊接技术人员，应具有承担焊接工程的总体规划、管理和技术指导的能力。焊接责任工程师和其他焊接技术人员应具有钢结构、焊接冶金、焊接施工等方面的知识和经验，并具有焊接施工的计划管理和施工指导的能力。

2. 对焊工的规定

从事建筑钢结构焊接的焊工，包括焊条电弧焊焊工、定位焊焊工、气体保护焊焊工以及栓钉焊焊工等，必须经考试合格并取得合格证书。持证焊工必须在其考试合格项目及其认可范围内施焊。焊工考试应由经国家主管部门授权批准的考试委员会负责实施。

从事超高层和一些大型重要钢结构焊接工作的焊工，应根据焊接结构的形式进行附加考试，考试合格的焊工才能获准施焊。

第 2 章
建筑钢结构常用焊接技术

2.1 钢材

建筑钢结构常用钢材一般以低合金钢为主，在空间大跨度结构、超高层建筑中铸钢的使用也比较多，从合金元素成分来分可以将其归类到低合金钢。低合金钢是在碳素钢的基础上添加一定量的合金化元素而成，其合金元素的质量分数一般不超过5%，用以提高钢的强度，并保证其具有一定的塑性和韧性。

2.1.1 钢材牌号及标准

建筑钢结构常用钢材以 Q235、Q345、Q390、Q420、Q460 为主，其质量应分别符合现行国家标准《碳素结构钢》（GB/T 700）、《低合金高强度结构钢》（GB/T 1591）、《建筑结构用钢板》（GB/T 19879）的规定。在最新的国家标准《低合金高强度结构钢》（GB/T 1591—2018）中，以 Q355 钢级替代Q345 钢级。

一些重要厚板结构为防止层状撕裂，采用厚度性能钢板（Z 向钢），其质量应符合现行国家标准《厚度方向性能钢板》（GB/T 5313）的规定。

处于外露环境、对耐腐蚀有特殊要求的承重结构，采用耐候结构钢，其质量应符合《耐候结构钢》（GB/T 4171）的规定。

铸钢在建筑中使用一般以焊接结构用铸钢为主，其质量应符合《焊接结构用铸钢》（GB/T 7659）的规定。

钢的牌号由代表屈服强度"屈"字的汉语拼音字母 Q 规定的最小上屈服强度值、交货状态代号、质量等级符合（B、C、D、E、F）四个部分组成。

示例：Q390NC。

其中：

Q——钢的屈服强度的"屈"字的汉语拼音首字母；

390——规定的最小上屈服强度值，单位为兆帕（MPa）；

N——交货状态为正火或正火轧制；

C——质量等级为 C 级。

钢板有 Z 向性能要求时，在规定的牌号后加上代表 Z 向性能级别的符号，如 Q390NCZ25。

2.1.2 常用钢材分类

目前国内钢结构工程用钢材按其标称屈服强度分类，见表 2-1。

常用钢材分类　　　　　　　　　　　　　　　　表 2-1

类别号	标称屈服强度	钢材牌号举例
Ⅰ	≤295MPa	20、Q235、ZG200-400H、ZG230-450H、ZG270-480H
Ⅱ	>295 MPa，且≤370MPa	Q345、Q355、ZG300-500H、ZG340-550H
Ⅲ	>370 MPa，且≤420MPa	Q390、Q420
Ⅳ	>420 MPa	Q460

低合金高强钢中 C（碳）含量一般控制在 0.20% 以下，为了确保钢的强度和韧性，通过添加适量的 Mn（锰）、Mo（钼）等合金元素及 V（钒）、Nb（铌）、Ti（钛）、Al（铝）等合金化元素，配合适当的轧制工艺或热处理工艺来保证具有优良的综合力学性能。

屈服强度为 295～390MPa 的低合金钢大多属于热轧钢，靠合金元素的固溶强化获得高强度。屈服强度大于 390MPa 的低合金钢一般需要在正火或正火加回火状态下使用。正火处理后形成的碳、氮化合物以细小质点从固溶体沉淀析出，在提高钢材强度的同时，保证一定的塑性和韧性。因此，常用的 Q345、Q390、Q420 钢在正火状态下使用更为合理。

2.1.3 低合金高强钢化学成分和力学性能

现行国家标准《低合金高强度结构钢》（GB/T 1591）对低合金高强度结构钢的化学成分和力学性能要求作了规定，细化了低合金高强钢在热轧、正火、正火轧制、热机械轧制等不同状态下的化学成分、碳当量、力学性能等要求。其中，国产最常用钢 Q345 原有标准与欧标 S355 材料强度存在差异，为使国标钢材进入国际化应用，2018 标准对 Q345 钢作了调整。

表 2-2 为热轧钢化学成分规定，表 2-3 为热轧钢拉伸性能规定。

2.2 焊接材料

低合金钢用焊接材料主要包括手工电弧焊焊条、埋弧焊用焊丝—焊剂组合、气体保护焊焊丝及保护气体等。

2.2.1 焊接材料的选择

焊接材料的选择首先应保证焊缝金属的强度、塑性、韧性达到产品的技术要求，同时还应该考虑抗裂性及焊接效率等。一般考虑以焊缝金属的强度和韧性与母材金属相匹配为原则，即焊缝强度或焊接接头实际强度不低于母材强度即可。焊接不同类别

表 2-2

热轧钢牌号及化学成分

牌号 钢级	质量等级	化学成分（质量分数）（%）　不大于														
		C^a 以下公称厚度或直径(mm) 不大于 ≤40^b	>40	Si	Mn	P^c	S^c	Nb^d	V^e	Ti^e	Cr	Ni	Cu	Mo	N^f	B
Q355	B	0.24		0.55	1.60	0.035	0.035	—	—	—	0.30	0.30	0.40	—	0.012	—
	C	0.20	0.22			0.030	0.030									
	D	0.20	0.22			0.025	0.025									
Q390	B	0.20		0.55	1.70	0.035	0.035	0.05	0.13	0.05	0.30	0.50	0.40	0.10	0.015	—
	C	0.20				0.030	0.030									
	D	0.20				0.025	0.025									
Q420^g	B	0.20		0.55	1.70	0.035	0.035	0.05	0.13	0.05	0.30	0.80	0.40	0.20	0.015	—
	C	0.20				0.030	0.030									
Q460^g	C	0.20		0.55	1.80	0.030	0.030	0.05	0.13	0.05	0.30	0.80	0.40	0.20	0.015	0.004

a　公称厚度大于 100mm 的型钢，碳含量可由供需双方确定。

b　公称厚度大于 30mm 的钢材，碳含量不大于 0.22%。

c　对于型钢和棒材，其磷和硫含量上限值可提高 0.005%。

d　Q390、Q420 最高可到 0.07%，Q460 最高可到 0.11%。

e　最高可到 0.20%。

f　如果钢中酸溶铝 Als 含量不小于 0.015% 或全铝 Alt 含量不小于 0.020%，或添加了其他固氮合金元素，氮元素含量不作限制。固氮元素应在质量证明书中注明。

g　仅适用于型钢和棒材。

表 2-3

热轧钢拉伸性能

牌号		上屈服强度 R_{eh}^a（MPa）									抗拉强度 R_m（MPa）			
钢级	质量等级	公称厚度或直径（mm）												
		≤16	>16~40	>40~63	>63~80	>80~100	>100~150	>150~200	>200~250	>200~400	≤100	>100~150	>150~200	>200~400
Q355	B、C	355	345	335	325	315	295	285	275	—	470~630	450~600	450~600	—
	D									265[b]				450~600[b]
Q390	B、C、D	390	380	360	340	340	320	—	—	—	490~650	470~620	—	—
Q420[c]	B、C	420	410	390	370	360	350	—	—	—	520~680	500~650	—	—
Q460[c]	C	460	450	430	410	400	390	—	—	—	550~720	530~700	—	—

a 当屈服不明显时，可用规定塑性延伸强度 $R_{p0.2}$ 代替上屈服强度。

b 只适用于质量等级为 D 的钢板。

c 只适用于型钢和棒材。

的钢材时，焊接材料的选用以强度级别较低母材为依据。

　　由于低合金高强钢氢致裂纹敏感性较强，因此，选择焊接材料时优先采用低氢焊条和碱度适中的埋弧焊焊剂。对于厚板、拘束度大及冷裂倾向大的焊接结构，应选用超低氢焊接材料，以提高抗裂性能，降低预热温度。厚板、大拘束度接头，第一层打底焊缝最容易产生裂纹，可选用强度稍低、韧性良好的低氢或超低氢焊接材料。

　　常用钢材的焊接材料可按表 2-4 的规定选用。

常用钢材的焊接材料选用 表 2-4

钢材牌号	焊接材料								
	焊条电弧焊		实芯焊丝气体保护焊		药芯焊丝气体保护焊		埋弧焊		
Q235	E4303、E4315、E4316	GB/T 5117	ER49-1、ER50-2	GB/T 8110	T43XT1-1	GB/T 10045	F4XX-H08A	GB/T 5293
Q345	E5003、E5015、E5016	GB/T 5118	ER50-2	GB/T 8110	T49XT1-1	GB/T 10045	F5XX-H08MnA、F5XX-H10Mn2	GB/T 5293
Q390	E5015、E5016、E5515、E5516	GB/T 5118	ER50-2	GB/T 8110	T49XT1-1	GB/T 10045	F5XX-H08MnA、F5XX-H10Mn2	GB/T 5293
Q420	E5515、E5516	GB/T 5118	ER55-D2	GB/T 8110	T55T1-1	GB/T 17493	F55XX-H10Mn2A、F55XX-H08MnMoA	GB/T 12470
Q460	E5515、E5516、E6215、E6216	GB/T 5118	ER55-D2	GB/T 8110	T55T1-1	GB/T 17493	F55XX-H08MnMoA、F55XX-H08Mn2MoVA	GB/T 12470

2.2.2　焊接材料的使用及保管

　　（1）焊接材料应堆放在通风、干燥场所，并且按类别、牌号、规格、批号等分类堆放，并有明确标志。

　　（2）焊条、焊剂使用前应按技术说明书规定的烘焙时间进行烘焙、保温。

　　（3）焊工领用低氢型焊条时，须存放在保温筒内，且每次焊条有效量不得超过4h 的使用量。超过 4h，应重新烘焙。药芯焊丝启封后，应尽快用完，不得超过两天时间。当天多余焊丝应用薄膜封包，存放在室内。

2.3 焊接方法及设备

在建筑钢结构焊接中，焊接方法主要以电弧焊为主，常用的有焊条电弧焊、埋弧焊、气体保护焊等。其中，气体保护焊又以 CO_2 气体保护焊最常见。

2.3.1 焊条电弧焊

焊条电弧焊又称手工电弧焊。它是以外部包有药皮的焊条作电极和填充金属，在焊条末端和工件之间燃烧电弧产生高温使焊条和钢材熔化，形成熔池（图 2-1）。药皮在电弧热作用下一方面可以产生气体保护电弧，另一方面可以产生熔渣覆盖在熔池表面，防止熔化金属与周围气体的相互作用，和熔化的焊芯、钢材发生一系列冶金反应后保证了所形成焊缝的性能。

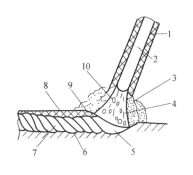

图 2-1 焊条电弧焊焊接

1—药皮；2—焊芯；3—保护气；4—电弧；5—熔池；6—母材；7—焊缝；8—渣壳；9—熔渣；10—熔滴

焊条电弧焊设备简单、轻便，操作灵活，适应性强，能适用各种接头形式及全位置焊接，在钢结构焊接中仍应用广泛，不可替代。

1. 焊接设备

焊条电弧焊的设备主要包括：弧焊电源、电缆、焊钳和其他一些常用工具及辅具，如面罩、防护服、敲渣锤、焊条保温筒等。

弧焊电源目前主要为三大类：弧焊变压器、直流弧焊发电机、弧焊整流器，其中，弧焊变压器属于交流电源，后两种为直流电源。弧焊整流器包括硅弧焊整流器、晶闸管弧焊整流器、晶体管弧焊整流器。逆变弧焊整流器等多种类型。目前应用最多的是晶闸管弧焊整流器。逆变弧焊整流器体积小、电弧稳定、飞溅少，适用于焊条电弧焊的所有场合，已被广泛应用。

2. 焊条

焊条种类繁多，同一类型焊条中，根据不同特性分成不同的型号；同一型号的焊条在不同的焊条制造厂又有不同的牌号。焊条型号按熔敷金属力学性能、药皮类型、焊接位置、电流类型、熔敷金属化学成分和焊后状态等进行划分，由字母"E"表示。

焊条的分类方法有多种，俗称的酸性焊条（如 J422）和碱性焊条（如 J507），是以熔渣的酸碱性来划分。碱性焊条与强度级别相同的酸性焊条相比，其熔敷金属的延性和韧性高、扩散氢含量低、抗裂性能强，因此，一般用于重要钢结构的焊接。每种焊条牌号应标注对应相应的国标型号，以便选用。

2.3.2 埋弧焊

埋弧焊是以电弧作为热源加热、熔化焊丝和母材的焊接方法。焊接中焊丝端部、电弧、母材被一层可熔化的颗粒状焊剂覆盖，无可见电弧和飞溅。焊丝和母材熔化形成金属熔池，焊剂熔融形成熔渣，熔池受熔渣和焊剂蒸汽的保护，不与空气接触。依据应用不同，焊丝有单丝、双丝和多丝，能实现自动化焊接，如图 2-2 所示。

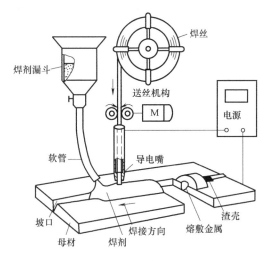

图 2-2　埋弧焊焊接

埋弧焊具有焊接质量好、生产效率高、劳动条件好等特点，其焊接电流大、熔深大，特别适用于中厚度板的长焊缝，平焊、平角焊和船形焊位置焊接，在建筑钢构件制造行业应用广泛。

1. 焊接设备

埋弧焊分为半自动和自动两种。由于半自动埋弧焊工人劳动强度大，目前已很少使用。自动埋弧焊焊机由机头、控制箱、导轨以及焊接电源组成。

埋弧焊电源可以采用交流电源或直流电源，在双丝和多丝焊工艺中也可以交流电流和直流电流配合使用。直流电源包括弧焊发电机、硅弧焊整流器、晶闸管弧焊整流器和逆变式弧焊机等；交流电源一般为弧焊变压器类型。

自动埋弧焊直流正接（焊丝接负）时，焊丝熔敷率高；直流反接（焊丝接正）时，熔深大。采用交流电源，焊丝熔敷率及焊缝熔深介于直流正接和直流反接之间，多用于大电流埋弧焊。表 2-5 为单丝埋弧焊常用的电源类型。

单丝埋弧焊常用的电源类型　　　　　　　　　　　　　表 2-5

埋弧焊方法	焊接电流（A）	焊接速度（cm/min）	电源类型
自动焊	300～500	＞100	直流
	600～900	3.8～75	交流、直流
	1200 以上	12.5～38	交流

埋弧焊控制系统包括以下 5 个部分：

（1）送丝速度控制；

（2）焊接电源的参数给定；

（3）焊接启动/停止开关；

（4）手动或自动行走选择开关；

（5）待焊状态焊丝的送进/回抽。

在埋弧焊数字控制系统中已普遍采用电流、电压和送丝速度的数字显示，能对焊接过程实现精确控制。

埋弧焊中还使用一些辅助设备，包括焊接夹具、工件变位设备、焊机变位设备、焊缝成形设备和焊剂回收输送设备等，主要目的是为了调整焊接位置、控制焊接变形和控制焊接成形。

2. 焊丝和焊剂

埋弧焊使用的焊丝有实芯焊丝和药芯焊丝两类，生产中普遍使用的是实芯焊丝。实芯焊丝型号按照化学成分进行划分，其中字母"SU"表示埋弧焊实芯焊丝，"SU"后数字或数字与字母的组合表示其化学成分分类。

自动埋弧焊一般使用 $\phi 3 \sim \phi 6$ 的焊丝，使用的电流范围见表 2-6。一定直径的焊丝，使用的电流有一定范围，电流越大，熔敷率越高；而同一电流使用较小直径的焊丝，可获得加大焊缝熔深、减小熔宽的效果。

焊接电流范围 表 2-6

焊丝直径（mm）	3.0	4.0	5.0	6.0
电流范围（A）	200～1000	340～1100	400～1300	600～1600

埋弧焊焊剂在焊接过程中起隔离空气、保护焊缝金属不受空气侵害和参与熔池金属冶金反应的作用。焊剂型号按适用焊接方法、制造方法、焊剂类型和适用范围等进行划分。埋弧焊用焊剂以"S"表示。

2.3.3 CO_2 气体保护焊

CO_2 气体保护焊属于熔化极气体保护电弧焊的一种，是电弧作为热源熔化焊丝和母材金属，形成熔池和焊缝的焊接方法。CO_2 作为外加气体起到保护熔滴、熔池金属及焊接区高温金属免受周围空气的有害作用。

CO_2 气体保护焊由于电弧气氛的氧化性，所得熔敷金属的含氢量极低，具有较好的抗氢裂性（图 2-3）。

1. 焊接设备

CO_2 气体保护焊焊接设备主要有焊接电源、送丝系统、焊枪、供气系统和控制系统 5 部分组成。可分为半自动焊和自动化两种类型，以半自动焊为主。

（1）焊接电源。

CO_2 气体保护焊通常采用直流电源。焊丝直径小于 1.6mm 时，常常选用平特性电源，配用等速送丝系统；当焊丝直径较粗（大于 $\phi 2mm$）时，一般采用下降外特性电源，配用变速送丝系统。钢结构焊接焊丝直径一般为 $\phi 1.2 \sim \phi 1.6$。

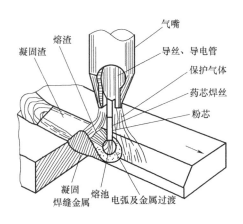

图 2-3 药芯焊丝 CO_2 气体保护焊焊接示意图

（2）送丝系统。

送丝系统通常是由送丝机、送丝软管及焊丝盘等组成。根据送丝方式不同，送丝系统可分为推丝式、拉丝式和推拉丝式几种类型。

（3）焊枪。

焊枪一般由导电嘴、气体保护喷嘴、焊接软管和导丝管、气管、焊接电缆、控制开关等元件组成。鹅颈式气冷焊枪如图 2-4 所示。

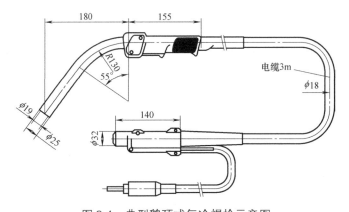

图 2-4 典型鹅颈式气冷焊枪示意图

导电嘴属于损耗件，易磨损或由于飞溅堵塞时应立即更换，否则将破坏电弧稳定性。

（4）供气系统。

供气系统一般包括高压气瓶、减压阀、流量计和气阀等。

（5）控制系统。

控制系统由基本控制系统和程序控制系统组成。基本控制系统主要包括焊接电源输出调节系统、送丝速度调节系统、气体流量调节系统等。

程序控制系统是自动切换的，将焊接电源、送丝系统、焊枪、供气系统有机地组合在一起，构成一个完整的、自动控制的焊接设备系统。

2. 焊丝

焊丝分为实芯焊丝和药芯焊丝两种，在建筑钢结构制造和现场安装焊接应用广泛。

实芯焊丝型号按化学成分和熔敷金属的力学性能进行划分，用字母"ER"表示。药芯焊丝按力学性能、使用特性、焊接位置、保护气体类型、焊后状态和熔敷金属化学成分等进行划分，用字母"T"表示。

2.4 焊接工艺评定

焊接施工单位首次采用的钢材、焊接材料、焊接方法、接头形式、焊接位置、焊后热处理以及焊接工艺参数、预热和后热措施等各种参数的组合条件，应在钢结构构件制作及安装施工前进行焊接工艺评定。

《钢结构焊接规范》（GB 50661—2011）中增加了免予评定的相关规定，把符合规范规定的钢材种类、焊接方法、焊接坡口形式和尺寸、焊接位置、匹配的焊接材料、焊接工艺参数规范化。施工企业应编制焊接工艺规程或焊接工艺指导书，由单位焊接工程师和技术负责人签发后执行。

焊接工艺评定报告有效期一般为 5 年。但对于板厚超过 100mm，屈服强度大于 420MPa，碳当量大于 0.50，直接承受动载、抗震设防烈度大于等于 8 度的钢结构工程，需进行焊接工艺评定试验。

2.4.1 焊接工艺评定内容

1. 焊接工艺评定流程

焊接施工单位根据钢结构工程焊接形式及要求，制定方案，拟定工艺评定指导书，试件制作及施焊、试样制作及送检，并由具有资质的检测单位出具检测报告。施工单位汇总出具最终焊接工艺评定报告。

2. 施焊位置分类

焊接位置分类见表 2-7 及图 2-5～图 2-7 所示。

施焊位置分类　　　　　　　　　　　　　　　表 2-7

焊接位置		代号	焊接位置	代号
板材	平	F	水平转动平焊	1G
	横	H	竖立固定横焊	2G
	立	V	管材 水平固定全位置焊	5G
	仰	O	倾斜固定全位置焊	6G
			倾斜固定加挡板全位置焊	6GR

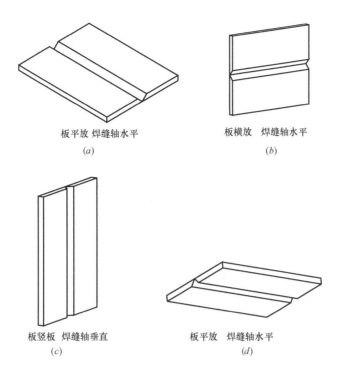

板平放 焊缝轴水平
(*a*)

板横放 焊缝轴水平
(*b*)

板竖板 焊缝轴垂直
(*c*)

板平放 焊缝轴水平
(*d*)

图 2-5 板材对接接头焊接位置示意

(*a*) 平焊位置 F；(*b*) 横焊位置 H；(*c*) 立焊位置 V；(*d*) 仰焊位置 O

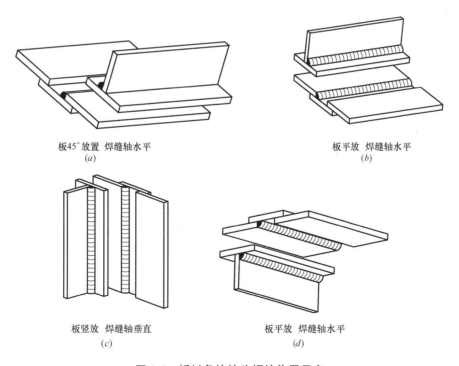

板45°放置 焊缝轴水平
(*a*)

板平放 焊缝轴水平
(*b*)

板竖放 焊缝轴垂直
(*c*)

板平放 焊缝轴水平
(*d*)

图 2-6 板材角接接头焊接位置示意

(*a*) 平焊位置 F；(*b*) 横焊位置 H；(*c*) 立焊位置 V；(*d*) 仰焊位置 O

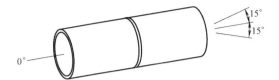

管平放(±15°)，焊接时转动，在顶部及附近平焊 1G

(a)

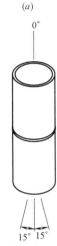

管竖放(±15°)，焊接时不转动，横焊位置施焊 2G

(b)

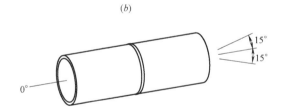

管平放并固定 (±15°)，焊接时不转动，平、立、仰焊位置施焊 5G

(c)

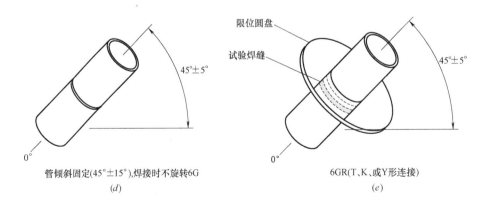

管倾斜固定(45°±15°),焊接时不旋转6G 　　　　6GR(T、K、或Y形连接)

(d) 　　　　　　　　　　　　　　　　(e)

图 2-7　管材对接接头焊接位置示意

3. 评定合格的试件厚度适用范围（表 2-8）

评定合格的试件厚度适用范围　　　　　　　　表 2-8

焊接方法类别号	评定合格试件厚度 t(mm)	工程适用厚度范围	
		板厚最小值	板厚最大值
1、2、3、4	≤25	0.75t	2t
	25＜t≤70	0.75t	2t
	＞70	0.75t	不限
5	≥18	0.75t，最小 18mm	1.1t
6	≥10	0.75t，最小 10mm	1.1t
7	1/3ϕ≤t＜12	t	2t，且不大于 16mm
	12≤t＜25	0.75t	2t
	≥25	0.75t	1.5t

注：1—焊条电弧焊；2—气体保护焊；3—自保护焊；4—埋弧焊；5—电渣焊；6—气电立焊；7—栓钉焊；ϕ—栓钉直径。

板材对接的焊接工艺评定结果适用于外径大于 600mm 的管材对接。

施工企业已具有同等条件焊接工艺评定资料时，可不必重新进行焊接工艺评定试验。

4. 焊接试件制备

施工企业应根据规范要求制备焊接试件，图 2-8、图 2-9 分别为板材和管材对接接头试件和试样取样。

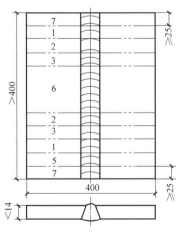
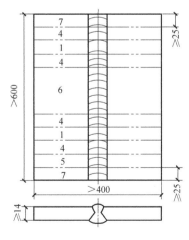

(a)　　　　　　　　　　　　　　　　（b)

图 2-8　板材对接接头试件及试样取样

（a）不取侧弯试样时；（b）取侧弯试样时

1—拉伸试样；2—背弯试样；3—面弯试样；4—侧弯试样；5—冲击试样；6—备用；7—舍弃

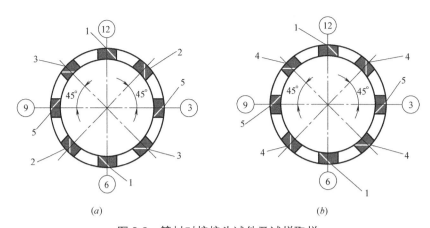

图 2-9 管材对接接头试件及试样取样

1—拉伸试样；2—背弯试样；3—面弯试样；4—侧弯试样；5—冲击试样

试件焊接完成后，按照外观、无损检测、力学性能检测顺序进行试件和试样的检测。试验检验类别、试样数量及试验方法应符合现行国家标准《钢结构焊接规范》（GB/T 50661）的规定。焊接工艺评定结果不合格时，可在原试件上就不合格项目重新加倍取样进行检验。如还不能达到合格标准，应分析原因，重新制定焊接工艺评定方案，按原步骤重新评定，直到合格为止。

2.4.2 焊接工艺评定报告

焊接工艺评定报告应由施工单位焊接技术人员负责编制，企业技术负责人批准后实施。焊接工艺评定文件应包括焊接工艺评定报告、焊接工艺评定指导书、焊接工艺评定记录表、焊接工艺评定检验结果表及检验报告。

2.5 焊接缺陷及防治措施

焊接缺陷指焊接接头中因焊接产生的金属不连续、不致密或连接不良的现象，在现行国家标准《金属熔化焊接接头欠缺分类及说明》（GB/T 6417.1）中称为焊接欠缺。焊接欠缺根据其性质、特征分为 6 个种类：裂纹、气孔、固体夹杂、未熔合及未焊透、形状和尺寸不良、其他欠缺。

2.5.1 气孔

气孔是焊接过程中最常见的一种缺陷，不仅会削弱焊缝的有效工作截面积，同时也会带来应力集中，从而降低焊缝金属的强度和韧性，对动载强度和疲劳强度更为不利。

1. 影响气孔产生的因素

影响气孔成因的因素可分为冶金因素和工艺因素两方面。根据分析，铁锈是一种极其有害的杂质，它会增加焊缝对于气孔的敏感性。焊接施工时，焊接部位的铁锈、油污和水分等杂质未清理干净，都会造成气孔的产生。同时，焊接材料的保管和使用不当，如焊条受潮未按规定烘干等也会产生气孔。

2. 焊接气孔的防治措施

焊接气孔的防治除了选用正确的焊接材料和适合的焊接工艺外，焊前清理及焊材烘干等措施必不可少。

（1）焊前清理，主要是针对焊件及焊丝表面的氧化膜、铁锈和油污等影响气孔生成的杂质清理，可采用砂轮打磨或钢丝刷清理。

（2）焊材应防潮包装存放，焊条和焊剂焊前应按规定温度和时间烘干，烘干后应放在专用烘箱和保温筒中保管，随用随取。

（3）焊接环境应有防风防雨措施。焊条电弧焊焊接作业区最大风速不宜超过 8m/s，气体保护焊不宜超过 2m/s，超过上述范围，应采取有效措施以保障焊接电弧区域不受影响。

2.5.2　夹杂

夹杂不仅降低焊缝金属的塑性，增大低温脆性，降低韧性和疲劳强度，还会增加热裂纹倾向。

1. 夹杂产生的因素

夹杂是指焊条、焊丝、焊剂及母材夹层在冶金反应过程中生成的氧化物、硫化物与氮化物等在熔池快速凝固条件下残留在焊缝金属中形成的夹杂物。产生原因主要是焊接过程中焊接电流过小、焊接速度过快，层间清渣不净，焊接材料与母材匹配不当等。

2. 焊接夹杂的防治措施

（1）减少有害夹杂物的主要措施是正确选择焊条、药芯焊丝、焊剂的渣系，以便在焊接过程中脱氧、脱硫。

（2）选用较大的焊接热输入，仔细清理层间焊渣，摆动焊条，以便熔渣浮出；降低电弧电压，以防止空气中氮的侵入。

2.5.3　裂纹

裂纹是焊接接头中最为严重的缺陷，危害性极大，是焊接缺陷防治的重点。裂纹共分为 5 大类，包括热裂纹、再热裂纹、冷裂纹、层状撕裂和应力腐蚀裂纹。建筑钢结构中，最常见的是热裂纹、冷裂纹和层状撕裂。

1. 热裂纹

（1）影响因素。

热裂纹是焊接过程中焊缝和热影响区金属冷却到固相线附近的高温区时所产生的，是焊缝中的杂质在焊接结晶过程中形成的低熔点结晶和焊接拉应力共同产生的结果。影响因素可归纳为冶金和工艺两方面。

冶金方面，各种合金元素尤其是形成低熔点薄膜的杂质是影响裂纹产生的最重要的因素。工艺因素方面，熔合比增大，含杂质和碳较多的母材将向焊缝转移较多杂质和碳元素，增大裂纹倾向。在热输入或焊接电流一定时，增大焊接速度使裂纹倾向增加。

（2）防治措施：

① 限制材料中有害杂质的含量，合金化程度越高，限制要越严格。

② 选用适用的焊接材料。

③ 控制焊接线能量，限制过热。

④ 控制成形系数，减小熔合比。

⑤ 降低拘束度，控制装配间隙，改进装配质量。

2. 冷裂纹

（1）影响因素。

碳钢、低合金钢焊接冷裂纹为氢致裂纹，主要发生在焊接热影响区。影响因素主要为钢材的淬硬倾向、氢的作用和拘束度三方面。钢种的淬硬倾向越大，越易产生裂纹。目前以钢种的碳当量 CE、冷裂纹敏感指数 P_{cm} 来衡量钢种的淬硬倾向和冷裂倾向。氢指的是焊缝金属中的扩散氢，氢含量越高，裂纹敏感性越大。焊接时的拘束情况决定了焊接接头所处的应力状态，从而影响产生冷裂纹的敏感性。

（2）防治措施：

1）控制焊接热输入，限制焊缝组织的硬化程度，常用焊接熔池的温度从 800℃ 降低到 500℃ 的时间（t8/5）作为依据。

2）限制扩散氢的含量，包括预热、后热，选用低氢或超低氢的焊接材料。

3）减小拘束度，控制拘束应力。

3. 层状撕裂

（1）影响因素。

层状撕裂存在于轧制的厚板角接接头、T 形接头和十字接头中，由于多层焊角焊缝产生的过大的 Z 向应力，在焊接热影响区及其附近的母材内引起的沿轧制方向发展的具有阶梯状的裂纹，属于冷裂范畴。

产生层状撕裂的条件一，是存在脆弱的轧制层状组织；二是板厚方向（Z 向）承受拉伸应力 σ_z。轧制层上的非金属夹杂物是主要影响因素。

（2）防治措施：

1）正确选用 Z 向钢，板厚超过 40mm，且处于角接焊缝的部位优选 Z 向钢。

2）改善接头设计，减小拘束应变。

3）焊接工艺方面采用低氢焊接方法、减小热输入，控制焊缝尺寸、多道多层焊接等。

2.6 焊接质量检查

2.6.1 焊接质量检查方法

焊接质量检查包括外观和无损检测。

无损检测一般采用超声波（UT）和磁粉（MT）探伤。当检测有疑问，不能明确判定焊缝缺陷时，可采用射线（RT）探伤进行检测。

（1）超声波探伤，按现行国家标准《钢焊缝手工超声波探伤方法及质量分级法》（GB 11345）的规定执行，一级焊缝 100％检验，二级焊缝抽检 20％，并且在焊后 24h 检测。

（2）磁粉探伤，按现行行业标准《焊缝磁粉检验方法和缺陷磁痕的分级》（JB/T 6061）的规定执行。

（3）射线探伤，按现行国家标准《钢熔化焊对接接头射线照相和质量分级》（GB 3323）的规定执行。

2.6.2　焊缝缺陷返修要求

焊缝缺陷返修一般要求如下：

（1）焊缝表面的气孔、夹渣用碳刨清除后重焊。

（2）母材上若产生弧斑，则要用砂轮机打磨，必要时进行磁粉检查。

（3）焊缝内部的缺陷，根据无损检测对缺陷的定位，用碳刨清除。对裂纹、碳刨区域两端要向外延伸至各 50mm 的焊缝金属。

（4）返修焊接时，对于厚板，必须按原有工艺进行预热、后热处理。预热温度应在前面基础上提高 20℃。

（5）焊缝同一部位的返修不宜超过两次。如若超过两次，则要制定专门的返修工艺并报请监理工程师批准。

第 3 章
低合金高强度钢焊接技术

3.1 高强度钢的分类与性能

3.1.1 高强度钢的分类

通常所说的高强钢，一般是指屈服强度 $\sigma_s \geqslant 294MPa$ 的强度用钢和低合金特殊用钢，主要应用于能承受静载和动载的机械零件和工程结构。低合金高强度钢，一般分为普通低合金高强度钢、低碳调质高强度钢和超高强钢。普通低合金钢以 C-Mn（碳-锰），C-Mn-V（碳-锰-钒）合金系统为主，按热处理方式可分为热轧钢、正火钢、热机械轧制钢（TMCP）等，具有良好的力学性能和焊接性能。

低合金高强度钢中 C 含量一般控制在 0.20% 以下，为了确保钢的强度和韧性，通过添加适量的 Mn（锰）、Mo（钼）等合金元素及 V（钒）、Nb（铌）、Ti（钛）、Al（铝）等合金化元素，合金元素总含量不超过 5%，配合适当的轧制工艺或热处理工艺来保证具有优良的综合力学性能。低合金高强度钢包括一般结构用钢、桥梁钢、压力容器用钢、锅炉用钢、造船和采油平台用钢、工程机械用钢、建筑用钢等。低合金高强钢应用非常广泛，在各类焊接结构中采用的低合金钢已超出百余种。并且为了减轻钢结构自身的重量，所使用的钢材不断向高强化方向发展。在建筑钢结构中，Q420、Q460 钢已经开始应用。在超高层钢结构中，Q390、Q420 已逐步替代 Q345 成为首选钢种，应用越来越广。

低合金高强度钢种类繁多，分类的方法也很多。有按强度等级和用途分类，也有根据化学成分、合金系或热处理组织状态进行分类。《低合金高强度结构钢》（GB/T 1591—2018）中，按其屈服强度的高低分为 Q355、Q390、Q420、Q460、Q500、Q550、Q620、Q690，共 8 个等级。

3.1.2 高强度钢的性能

低合金高强度钢的特点是强度高、塑性和韧性良好，焊接性能较好，一般在正火状态下使用。

属于正火钢的还包括抗层状撕裂的 Z 向钢，由于冶炼中采用了钙或稀土处理和真空除气等工艺措施，使 Z 向钢具有硫（S）含量低（S≤0.005%）、气体含量低和 Z 向断面收缩率高（$\psi_z \geqslant 35\%$）等特点。

热机械轧制钢（TMCP）比用正火处理生产的结构钢晶粒更细，因而在碳当量一

表 3-1

正火、正火轧制钢的牌号及化学成分

化学成分（质量分数）（%）

牌号 钢级	质量等级	C 不大于	Si 不大于	Mn	P^a 不大于	S^a 不大于	Nb	V	Ti^c	Cr 不大于	Ni 不大于	Cu 不大于	Mo 不大于	N 不大于	Als^d 不小于
Q355N	B	0.20			0.035	0.035									
	C	0.20			0.030	0.030									
	D	0.20	0.50	0.90~1.65	0.030	0.025	0.005~0.05	0.01~0.12	0.006~0.05	0.30	0.50	0.40	0.10	0.015	0.015
	E	0.18			0.025	0.020									
	F	0.16			0.020	0.010									
Q390N	B				0.035	0.035									
	C	0.20			0.030	0.030									
	D	0.20	0.50	0.90~1.70	0.030	0.025	0.01~0.05	0.01~0.20	0.006~0.05	0.30	0.50	0.40	0.10	0.015	0.015
	E				0.025	0.020									
Q420N	B				0.035	0.035									
	C	0.20	0.60	1.00~1.70	0.030	0.030	0.01~0.05	0.01~0.20	0.006~0.05	0.30	0.80	0.40	0.10	0.015	0.015
	D				0.030	0.025								0.025	
	E				0.025	0.020									
$Q460N^b$	C	0.20	0.60	1.00~1.70	0.030	0.030	0.01~0.05	0.01~0.20	0.006~0.05	0.30	0.80	0.40	0.10	0.015	0.015
	D				0.030	0.025								0.025	
	E				0.025	0.020									

a 对于型钢和棒材，磷和硫含量上限值可提高0.005%。
b V+Nb+Ti≤0.22%，Mo+Cr≤0.30%。
c 最高可到0.20%。
d 可用全铝Alt替代，此时全铝最小含量为0.20%。当钢中添加了铌、钒、钛等细化晶粒元素且含量不小于表中规定含量的下限时，铝含量下限值不限。

注：钢中应至少含有铝、铌、钒、钛等细化晶粒元素中的一种，单独或组合加入时，应保证其中至少一种合金元素含量不小于表中规定含量的下限。

正火、正火轧制钢的拉伸性能

表 3-2

牌号		上屈服强度 R_{eH}^a（MPa）								抗拉强度 R_m（MPa）			断后伸长率 A（%）不小于					
		公称厚度或直径（mm）																
钢级	质量等级	≤16	>16~40	>40~63	>63~80	>80~100	>100~150	>150~200	>200~250	≤100	>100~200	>200~250	≤16	>16~40	>40~63	>63~80	>80~200	>200~250
Q355N	B,C,D,E,F	355	345	335	325	315	295	285	275	470~630	450~600	450~600	22	22	22	21	21	21
Q390N	B,C,D,E	390	380	360	340	340	320	310	300	490~650	470~620	470~620	20	20	20	19	19	19
Q420N	B,C,D,E	420	400	390	370	360	340	330	320	520~680	500~650	500~650	19	19	19	18	18	18
Q460N	C,D,E	460	440	430	410	400	380	370	370	540~720	530~710	510~690	17	17	17	17	17	16

a 当屈服不明显时，可用规定塑性延伸强度 $R_{p0.2}$ 上屈服强度 R_{eH}。

注：正火状态包含正火加回火状态。

热机械轧制钢牌号及化学成分

表 3-3

牌号		化学成分（质量分数）（%）														
钢级	质量等级	C	Si	Mn	P^a	S^a	Nb	V	Ti^b	Cr	Ni	Cu	Mo	N	B	Als^c
		不大于														不小于
Q355M	B	0.14^d	0.50	1.60	0.035	0.035	0.01~0.05	0.01~0.10	0.006~0.05	0.30	0.50	0.40	0.10	0.015	—	0.015
	C				0.030	0.030										
	D				0.030	0.025										
	E				0.025	0.020										
	F				0.020	0.010										
Q390M	B	0.15^d	0.50	1.70	0.035	0.035	0.01~0.05	0.01~0.12	0.006~0.05	0.30	0.50	0.40	0.10	0.015	—	0.015
	C				0.030	0.030										
	D				0.030	0.025										
	E				0.025	0.020										

续表

牌号	质量等级	C	Si	Mn	P[a]	S[a]	Nb	V	Ti[b]	Cr	Ni	Cu	Mo	N	B	Als[c]
		不大于 →														不小于
Q420M	B	0.16[d]	0.50	1.70	0.035	0.035	0.01~0.05	0.01~0.12	0.006~0.05	0.30	0.80	0.40	0.20	0.015	—	0.015
	C				0.030	0.030								0.025		
	D				0.030	0.025										
	E				0.025	0.020										
Q460M	C	0.16[d]	0.60	1.70	0.030	0.030	0.01~0.05	0.01~0.12	0.006~0.05	0.30	0.80	0.40	0.20	0.015	—	0.015
	D				0.030	0.025								0.025		
	E				0.025	0.020										
Q500M	C	0.18	0.60	1.80	0.030	0.030	0.01~0.11	0.01~0.12	0.006~0.05	0.60	0.80	0.55	0.20	0.015	0.004	0.015
	D				0.030	0.025								0.025		
	E				0.025	0.020										
Q550M	C	0.18	0.60	2.00	0.030	0.030	0.01~0.11	0.01~0.12	0.006~0.05	0.80	0.80	0.80	0.30	0.015	0.004	0.015
	D				0.030	0.025								0.025		
	E				0.025	0.020										
Q620M	C	0.18	0.60	2.60	0.030	0.030	0.01~0.11	0.01~0.12	0.006~0.05	1.00	0.80	0.80	0.30	0.015	0.004	0.015
	D				0.030	0.025								0.025		
	E				0.025	0.020										
Q690M	C	0.18	0.60	2.00	0.030	0.030	0.01~0.11	0.01~0.12	0.006~0.05	1.00	0.80	0.80	0.30	0.015	0.004	0.015
	D				0.030	0.025								0.025		
	E				0.025	0.020										

a 对于型钢和棒材，磷和硫含量可以提高 0.005%。

b 最高可到 0.20%。

c 可用全铝 Alt 替代，此时全铝最小含量为 0.020%。当钢中添加了铌、钒、钛等细化晶粒元素且含量不小于表中规定含量的下限时，铝含量下限值不限。

d 对于型钢和棒材，Q355M、Q390M、Q420M 和 Q460M 的最大碳含量可提高 0.02%。

注：钢中应至少含有铝、铌、钒、钛等细化晶粒元素一种，单独或组合加入时，应保证其中至少一种合金元素含量不小于表中规定含量的下限。

热机械轧制（TMCP）钢材的拉伸性能   表 3-4

钢级	牌号 质量等级	上屈服强度 R_{eh} [a] (MPa) 公称厚度或直径（mm）						抗拉强度 R_m (MPa)					断后伸长率 A（%）不小于
		≤16	>16~40	>40~63	>63~80	>80~100	>100~120[b]	≤40	>40~63	>63~80	>80~100	>100~120[b]	
Q355M	B,C,D,E,F	355	345	335	325	325	320	470~630	450~610	440~600	440~600	430~590	22
Q390M	B,C,D,E	390	380	360	340	340	335	490~650	480~640	470~630	460~620	450~610	20
Q420M	B,C,D,E	420	400	390	380	370	365	520~680	500~660	480~640	470~630	460~620	19
Q460M	C,D,E	460	440	430	410	400	385	540~720	530~710	510~690	500~680	490~660	17
Q500M	C,D,E	500	490	480	460	450	—	610~770	600~760	590~750	540~730	—	17
Q550M	C,D,E	550	540	530	510	500	—	670~830	620~810	600~790	590~780	—	16
Q620M	C,D,E	620	610	600	580	—	—	710~880	690~880	670~860	—	—	15
Q690M	C,D,E	690	680	670	650	—	—	770~940	750~920	730~900	—	—	14

a 当屈服不明显时，可用规定塑性延伸强度 $R_{p0.2}$ 上屈服强度 R_{eH}。

b 对于型钢和棒材，厚度或直径不大于 150mm。

注：热机械轧制（TMCP）状态包含热机械轧制（TMCP）加回火状态。

定的情况下，可以获得强度更高、断裂韧性也较高的钢。TMCP 钢降低了碳含量和其他合金元素含量，使得钢的焊接性及接头的力学性能得到很大改善。现在一般的 TMCP 钢多指热机械轧制钢（也称控制轧制钢），如果采取了加速冷却则称为水冷型 TMCP 钢，仅采用控制轧制，称为非水冷型 TMCP 钢。

表 3-1 为正火、正火轧制状态下的低合金高强度钢化学成分规定，表 3-2 为正火、正火轧制状态下的低合金高强度钢力学性能规定，表 3-3 为热机械轧制低合金高强度钢化学成分规定，表 3-4 为热机械轧制低合金高强度钢力学性能规定。

3.2　低合金高强钢的焊接特点

低合金高强度钢含有一定的合金元素及微合金化元素，其焊接性主要表现在焊接热影响区组织与性能的变化对焊接热输入敏感，热影响区淬硬倾向增大，对氢致裂纹敏感性较大，并且随着强度级别及板厚的增加，淬硬性和冷裂倾向都随之增大。焊接热影响区是整个接头最薄弱的环节，它的组织与性能取决于钢的化学成分和焊接时的加热和冷却速度。如果焊接冷却速度控制不当，焊接热影响区局部区域将产生淬硬或脆性组织，导致抗裂性或韧性下降。

3.2.1　焊接冷裂纹

焊接氢致裂纹（通常称焊接冷裂纹或延迟裂纹）是低合金高强钢焊接时最容易产生，而且是危害最为严重的工艺缺陷，它常常是焊接结构失效破坏的主要原因。氢致裂纹主要发生在焊接热影响区，有时也会出现在焊缝金属中。氢致裂纹一般在焊后一段时间内产生，也可能在焊后 200℃以下立即产生。

研究表明，当低合金高强度钢焊接热影响区中产生淬硬的 M（马氏体）或 M＋B＋F（马氏体＋贝氏体＋铁素体）混合组织时，对氢致裂纹敏感，而产生的 B（贝氏体）或 B＋F（贝氏体＋铁素体）组织时，对氢致裂纹不敏感。热影响区的淬硬倾向可以采用碳当量公式加以评定。对于 C-Mn（碳-锰）系列低合金高强钢，可采用国际焊接学会（IIW）推荐的碳当量公式；对于微合金化的低碳低合金高强钢适合于采用裂纹敏感指数 Pcm 公式。

对于一般的热轧钢和热机械轧制钢碳含量和碳当量都比较低，通常冷裂倾向不大；而正火钢合金元素含量较高，冷裂倾向将相应加大。需要采取控制焊接热输入、降低含氢量、预热和后热等措施，以防止冷裂纹的产生。

3.2.2　焊接热裂纹和再热裂纹

一般来说，低合金高强钢 C（碳）、S（硫）含量较低，且 Mn（锰）含量较高，热裂倾向小。在多层多道埋弧焊焊缝的根部焊道或靠近边缘的高稀释率焊道中易出现焊缝金属热裂纹；电渣焊时，如母材含碳量偏高并含 Nb（铌）时，也可能会出现热裂纹。主要是由于多层焊时，热输入增大，焊层变厚，焊缝应力增加，裂纹倾向增大。采用 Mn（锰）、Si（硅）含量较高的焊接材料、减小焊接热输入、减小母材在焊缝中的融合比等措施有利于防止焊缝金属的热裂纹。减小焊接热输入、减少母材在焊缝中的熔合比，增大焊缝成形系数（即焊缝宽度与高度之比），有利于防止焊缝金属的热裂纹。

低合金高强钢接头中的再热裂纹亦称消除应力裂纹，出现在焊后消除应力热处理过程中。再热裂纹属于沿晶断裂，一般出现在热影响区的粗晶区，有时也在焊缝金属中出现。Mn-Mo-Nb（锰-钼-铌）和 Mn-Mo-V（锰-钼-钒）系列低合金高强钢对再热裂纹的产生有一定的敏感性，这些钢在焊后热处理时应注意防止再热裂纹的产生。

3.2.3 焊接热影响区脆化和热应变脆化

低合金高强钢焊接时，热影响区中被加热到1100℃以上的粗晶区及加热温度为700～800℃的不完全相变区是焊接接头的两个薄弱区。热轧钢焊接时，如焊接热输入过大，粗晶区将因晶粒严重长大或出现魏氏组织等而降低韧性；如焊接热输入过小，由于粗晶区组织中马氏体比例增大而降低韧性。防止不完全相变区组织脆化的措施是控制焊接冷却速度，避免脆硬的马氏体产生。焊接模拟热影响区过热区连续冷却组织转变图（简称CCT图）比较全面地反映了热影响区粗晶区的组织变化规律。对于一些重要的低合金高强钢焊接结构，应根据钢种及其结构特点，结合焊接CCT图来选择合适的预热温度和热输入，以确保热影响区韧性和防止焊接氢致裂纹的产生。

在自由氮含量较高的C-Mn（碳-锰）系低合金钢中，焊接接头熔合区及最高加热温度低于A_{c1}的亚临界热影响区，常常有热应变脆化现象，它是热和应变同时作用下产生的一种动态应变时效。在200～400℃时热应变脆化最为明显。熔合区易于产生热应变脆化，由于该区常常存在缺口性质的缺陷，当缺陷周围受到连续的焊接热应变作用后，存在应变集中和不利组织，热应变脆化倾向增大。

3.2.4 层状撕裂

层状撕裂存在于轧制的厚钢板角接接头、T形接头和十字接头中，由于多层焊角焊缝产生的过大的Z向应力在焊接热影响区及其附近的母材内引起的沿轧制方向发展的具有阶梯状的裂纹（图3-1）。

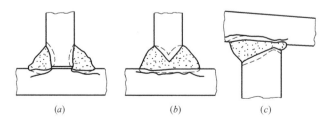

图 3-1 层状撕裂典型接头形式

（a）角接T形接头；（b）对接T形接头；（c）对接角接头

3.3　低合金高强钢的焊接工艺

3.3.1　焊接方法的选择

低合金高强钢的焊接一般采用焊条电弧焊、熔化极气体保护焊、埋弧焊、钨极氩弧焊、气电立焊、电渣焊等焊接方法。其中，最常用的是焊条电弧焊、埋弧焊、实心焊丝及药芯焊丝气体保护焊这几种焊接方法。对氢致裂纹相对敏感的低合金钢，无论选用何种焊接方法，都应采取低氢的焊接工艺。当采用电渣焊、气电立焊、多丝埋弧焊时，在使用前应对焊缝金属和热影响区的韧性进行评定，以保证焊接接头的性能。

3.3.2　焊接材料的选择

焊材的选用一般考虑以焊缝金属的强度和韧性与母材金属相匹配为原则。焊接不同类别的钢材时，焊接材料的选用以强度级别较低母材为依据。

常用结构钢材焊条电弧焊、CO_2气体保护焊、埋弧焊焊材选配可参见本书第二章有关章节。

3.3.3　坡口加工及装配

焊接坡口的几何形状和制备方法，直接影响焊接接头的质量和经济性。坡口加工一般在工厂制备，采用机械加工，精度较高，也可采用火焰切割或碳弧气刨。对于强度级别高的低合金钢，如坡口用氧-乙炔火焰切割过，应用砂轮机进行打磨至露出金属光泽。

焊接坡口的开设形状既要满足焊接的可操作性，确保焊接质量；同时又要降低熔敷金属量，确保经济性。在对接接头中，一般开 $60°$ 角的单面 V 形坡口。为了减少熔敷金属量，坡口角度可适当减小到 $45°\sim30°$，甚至更小。但应保证焊条或焊丝能伸入坡口根部，便于脱渣。厚板接头，建议采用双面 V 形坡口。对于工地接头，横焊位置可采用单面或双面单边 V 形坡口；立焊位置可采用单面或双面 V 形坡口（图 3-2）。

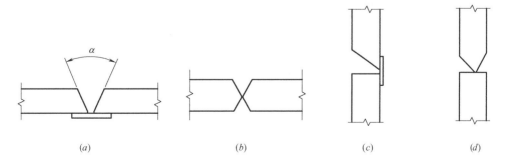

图 3-2　焊缝坡口形式

（a）单面 V 形；（b）双面 V 形；（c）单面单边 V 形；（d）双面单边 V 形

焊接接头应避免强行装配，要确保接头间隙适中，不能过大。焊前应去除坡口区域的氧化皮、水分、油污等影响焊缝质量的杂质。

3.3.4 焊接热输入

焊接热输入的变化将改变焊接冷却速度，从而影响焊缝金属及热影响区的组织组成，并最终影响焊接接头的力学性能及抗裂性。对于碳当量（C_{eq}）小于 0.40% 的热轧及正火钢，焊接热输入没有严格的限制。但焊接碳当量为 0.40%～0.60% 的热轧及正火钢时，为防止冷裂纹的产生，焊接热输入应偏大一些。但加大热输入，会引起接头区过热的加剧。对于含 V（钒）、Nb（铌）、Ti（钛）微合金元素的钢种，为确保焊接热影响区具有优良的低温韧性，应选择较小的焊接热输入。因此，淬硬倾向大的钢种，一般选择较小的热输入，同时采用低氢焊接方法配合适当的预热或焊后消氢处理来防止冷裂纹的产生。

3.3.5 预热和道间温度

预热温度的确定与钢材材质、板厚、接头形式、环境温度、焊接材料的含氢量以及接头拘束度都有关系。随着钢材碳当量、板厚、结构拘束度、焊接材料的含氢量的增加和环境温度的降低，焊前预热温度要相应提高。

常用结构钢材最低预热温度可按表 3-5 采用。

常用钢材最低预热温度要求　　　　　　　　　　　　　表 3-5

钢材牌号	接头最厚部件的板厚(mm)		
	$40 < t \leqslant 60$	$60 < t \leqslant 80$	$T > 80$
Q235	40℃	50℃	80℃
Q345	60℃	80℃	100℃
Q420	80℃	100℃	120℃
Q460	100℃	120℃	150℃

预热方法主要采用远红外电加热器和氧-乙炔火焰加热器加热，预热范围为坡口及坡口两侧不小于板厚的 1.5 倍宽度，且不小于 100mm。测温点宜在加热侧的背面，距焊接点各方向上不小于焊件的最大厚度值，但不得小于 75mm 处。对于重要结构及处于冬季或潮湿环境下的焊接工作，建议采用电加热法。由于电加热耗电大，如需大量使用，应事先考虑施工现场用电布置。

在焊接过程中必须保持这一预热温度和所有随后的最低道间温度，最低道间温度必须与预热温度相等。预热温度和道间温度必须在每一焊道即将引弧施焊前加以核对。每条焊缝一经施焊原则上要连续操作一次完成。间歇后的焊缝重新施焊前应重新预热，并且提高预热温度，开始焊接后中途不宜停止。在严重的外部收缩拘束条件下施焊时，焊接一旦开始，严禁接头冷却到规定的最低预热温度以下，直至接头完成或已熔敷了足够焊缝而确保无裂纹为止。

3.3.6　后热及焊后热处理

焊接后热是指焊接结束或焊完一条焊缝后，将焊接区立即加热到 $100\sim200℃$ 范围内，保温一段时间；后热还有一种消氢处理，加热温度更高，通常在 $250\sim350℃$ 范围，并保温一段时间。保温时间应根据焊件板厚按每 25mm 板厚不小于 0.5h，且总保温时间不得小于 1h 确定。两种方式的目的都是加速焊接接头中氢的扩散逸出，防止焊接冷裂纹的有效措施，消氢处理比一般后热效果更好。对于焊接接头拘束度大、且板厚超厚的接头焊接，建议采取消氢处理。厚度超过 100mm 的接头，可增加中间消氢处理，以防止因厚板多道多层焊氢的聚集引起的氢致裂纹。

3.4　上海国金中心廊桥 Q460 高强钢的焊接

3.4.1　廊桥焊接结构特点

上海国际金融中心由上交所、中金所和中国结算的三幢高层塔楼、地下金融剧院以及塔楼连接廊桥等结构组成。廊桥位于呈品字形分布的三幢塔楼中间，作为连通塔楼的空中通道。结构平面形状呈倒"T 字形"，由两个楼层和一个屋顶层组成。廊桥总长为 158m，中跨跨度 75.50m，左右边跨 32.25m，T 形跨净跨度 25.75m（图 3-3）。

图 3-3　上海国金中心效果图

廊桥楼层结构主要由两道纵向主梁与横向连系次梁组成，主梁为通长布置。由于廊桥跨度大，使得其主结构构件截面超大，钢板厚，钢材强度级别覆盖从 Q345～Q460。大量的 Q420、Q460 高强钢的使用是廊桥工程钢结构的一个特点。高强度厚板的现场高空焊接是整个廊桥焊接工作中的突出控制重点。焊接结构特点如下：

1. 构件截面超大，钢板厚，焊接量大

在廊桥设计上，采用了大截面箱形构件，特别是楼层主梁，截面高度基本都超过 3m，属超大构件。

表 3-6 为廊桥屋顶层主梁截面以及对应的材质要求分布位置统计。现场对接接头多，最大截面 3750mm×1050mm，最大板厚 80mm，单个接头焊缝长度达到 9.6m。

廊桥屋顶层主梁结构截面材质　　　　　　　　　　表 3-6

主梁位置		⑦-㉑轴/Ⓓ-Ⓔ轴	
		截面	材质
主梁长度 158m	17.25m	B2800×650×16×22	Q345GJ-B
	15.5m	B3750×1050×18×32	Q420GJ-C
	15m	B3750×1050×18×46	Q420GJ-C
	10m	B3750×1050×18×80	Q460GJ-C
	8.9m	B3750×1050×18×46	Q420GJ-C
	跨中 24.7m	B3750×1050×18×60	Q460GJ-C
	8.9m	B3750×1050×18×46	Q420GJ-C
	10m	B3750×1050×18×80	Q460GJ-C
	15m	B3750×1050×18×46	Q420GJ-C
	15.5m	B3750×1050×18×32	Q420GJ-C
	17.25m	B2800×650×16×22	Q345GJ-B

构件截面大、板厚，造成现场接头焊接量大。由于现场为全焊接接头，焊接质量及效率将直接影响到钢结构安装进度。

2. 钢材强度高，焊接难度大

由表 3-6 可知，廊桥主梁除两端各 17.25m 采用了 Q345 外，其他均为 Q420 和 Q460，且 Q460 钢板板厚为最厚，达到 60mm 和 80mm。

低合金高强钢随着强度级别及板厚的增加，淬硬性和冷裂倾向都随之增大，焊接工艺要求高。

3. 低温、高空环境，焊接要求高

现场焊接，不同于工厂制作焊缝，易受外部条件影响，焊接工艺的实施受到诸多限制，比如低温、大风、高空，都给焊接操作带来不利影响。廊桥的施工正好处于 2016 年冬季，上海的冬季温度可达零度，甚至会低于零度，如何确保低温环境下高强钢的焊接质量，是一个难点。

3.4.2　应对措施

根据廊桥钢结构焊接的特点和难点，将 Q460 钢材的焊接作为主要控制对象。

（1）通过对其焊接性进行分析，并结合焊接工艺评定试验，制定合理的焊接工艺。

（2）对廊桥结构合理分段，优化现场焊接接头布置，制定合适的坡口形式，尽量减少现场焊接量。

（3）优选焊接工人，将最优秀焊工布置到 Q460、Q420 接头焊接区，并严格焊接过程管理控制。

（4）针对现场长焊缝多的特点，将自动化焊接机器人运用到构件的拼装上，提高焊接效率。

3.4.3 Q460 钢厚板焊接工艺评定

国金中心廊桥采用了 Q460GJC 板，其化学成分见表 3-7 所示。

Q460GJC 化学成分（%）　　　　　　　　　　表 3-7

成分	C	Mn	Si	S	P	Cr	Nb	V	Cu	Ni
标准	≤0.20	≤1.60	≤0.55	≤0.015	≤0.025	≤0.70	0.015~0.06	0.02~0.2	≤0.30	≤0.70
实际	0.15	1.45	0.28	0.0014	0.0016	0.03	0.012	0.021	0.04	0.01

按照钢结构焊接规范（GB 50661—2011）碳当量计算公式计算 $C_{eq}(\%)=C+Mn/6+(Cr+Mo+V)/5+(Cu+Ni)/15=0.41$，其焊接性一般。

根据现行钢结构焊接规范，首先进行焊接工艺评定试验。

廊桥钢结构板厚最大为 80mm，因此选取 40mm 板厚作为工艺评定试件，焊接位置则选取横焊和仰焊两种形式，焊接方法采用药芯焊丝 CO_2 气体保护焊。焊接接头坡口形式如图 3-4 所示。

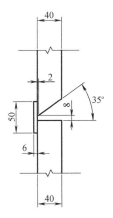

图 3-4　主梁对接接头坡口形式

焊接工艺参数（横焊）见表 3-8。

焊接工艺参数　　　　　　　　　　表 3-8

道次	焊接方法	焊条或焊丝		焊剂或保护气体	保护气体流量(L/min)	电流（A）	电压（V）
		牌号	直径				
打底	FCAW-G	E551T1-K2CJ	$\phi1.2$	CO_2	20	210~240	28~32
中间	FCAW-G	E551T1-K2CJ	$\phi1.2$	CO_2	20	220~260	30~34
盖面	FCAW-G	E551T1-K2CJ	$\phi1.2$	CO_2	20	200~220	32~36

工艺上采用焊前预热（预热60℃）、多道多层（道间温度≤230℃）、焊后缓冷（用保温棉包裹）等措施。按照标准做了两组拉伸、四组侧弯、六组冲击（焊缝、焊缝热影响区HAZ各三组）力学性能试验，结果均合格。

由此结论，针对Q460GJC钢，采用低氢焊接方法，保证预热温度，中等热输入条件下焊接能够获得无裂纹、塑性好的焊接接头。

3.4.4　廊桥焊接实施

整个廊桥总重约8000t，为全焊接节点。由于廊桥钢材种类多、焊缝长、又处于冬期施工，为确保焊接质量，在施工上严格过程管理，从多个环节进行质量把控。

1. 合理分段、优化接头布置

廊桥构件截面大，起重量受限，分段较多。在深化设计阶段，就同步考虑现场焊接的可操作性。

如图3-5所示，为廊桥F9层局部，主梁为大截面箱形构件，次梁为H形构件。箱形截面构件，造成与之相交次梁构件均为T形接头。

为避免现场大量的T形接头，深化时将现场焊接接头尽可能设置成对接形式，在工厂主梁上带一段连接牛腿（图3-6）。这样布置，一方面是便于现场对接焊缝施焊，同时将牛腿与Q460主梁连接的大量焊缝放在操作条件好的工厂施焊，降低现场Q460钢的焊接工作及风险。

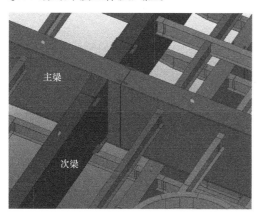

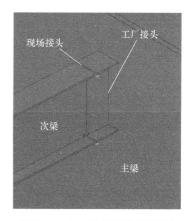

图3-5　廊桥主次梁连接局部效果图　　图3-6　主次梁连接牛腿设置

在主梁对接接头坡口形式设置时，基于在箱形构件焊接上的经验，底部对接焊缝设置成仰焊形式。通过焊接工艺评定试验，采用合理的焊接工艺，并优选优秀的焊工施焊，完全能满足接头焊接质量。这样可避免增开大量的焊接人孔，大大降低现场焊缝数量，提高现场安装速度。

2. 严格把控、加强过程管理

（1）制定了完备的焊接工艺，到完成实施，获得合格的焊缝质量，中间过程的每道环节控制都至关重要。

1）优选焊工，对所有进场焊接Q420、Q460接头的焊工，均进行焊工附加考试。

2）严格执行焊前预热制度。根据低合金高强钢焊接性分析，焊接时的冷却速度将影响接头组织的性能，控制不当，会导致接头的冷裂倾向加大。针对低合金高强钢厚板焊接，一个重要的措施就是焊接预热。为确保加热的均匀性，全部采用远红外电加热方法进行焊接预热。

根据焊接工艺评定试验结果，并结合现场接头的拘束情况，最终确定预热温度见表 3-9。

Q460 预热温度（℃）			表 3-9
接头最厚板厚 t(mm)			
$t\leqslant20$	$20<t\leqslant40$	$40<t\leqslant60$	$60<t\leqslant80$
40	80	100	120

3）控制现场装配质量、合理安排焊接施工顺序。

现场接头由于受制作、安装多方面累积偏差等因素影响，往往存在接头间隙、错边超差等情况发生，既造成焊接工艺的难度提高，偏差严重也会对接头的最终性能有不利影响。

廊桥主梁由于超重，采用地面拼装、整体提升的施工工艺。既要保证构件整体提升能精确到位，同时也要确保接头质量处于标准范围内。因此，采取跟踪测量，严格按照已安装构件接头处反馈数据，对提升主梁地面拼装的尺寸进行精准控制。

针对超长焊缝，为减小焊接应力、降低焊接变形，采取多人对称、分段退焊的焊接工艺。

4）针对低温环境，现场搭设全封闭操作平台，既满足防风防雨要求，又保证焊接区一定的温度，同时每条焊缝一次性连续焊接完成。

（2）焊接前编制焊接工艺卡，进行针对性技术交底。接头装配完成、坡口清理、焊前预热、施焊、焊后处理每道工序都安排定点定人检查，遵循工艺流程施焊。

3. 焊接机器人辅助焊接

针对廊桥大截面构件长焊缝特点，为提高焊接工效，同时确保焊接质量的稳定性，将焊接机器人运用到构件的现场拼装焊接上，进行辅助焊接（图 3-7）。

图 3-7　焊接机器人构件拼装焊接

焊接机器人由焊接移动小车、刚性轨道、控制箱、焊接电源系统和手控盒五部分组成。

　　焊接操作工需经过培训，考试合格后方可进行操作焊接。焊前根据主梁高度装配固定轨道，把自动焊匹配使用的焊接控制箱、焊接电源及送丝机，通过焊接电缆与焊接小车相连接，焊接保护气瓶通过气管与控制箱连接。焊接时焊接操作工利用焊接机器人示教功能对焊缝进行示教操作，保证焊接过程中熔池中心与焊缝中心一致，通过焊接参数的优化组合，实现连续焊接。

　　对于类似廊桥结构大截面、长焊缝接头，采用机器人焊接非常适合，可有效提高焊接效率，确保焊接质量的稳定性。

　　国金中心廊桥钢结构从 2016 年底开始施工，到 2017 年 3 月结构完成。通过对 Q460 低合金高强钢焊接性的分析，根据现场施工特点，制定合理的焊接工艺，并有效落实焊接管理各项措施，使得低合金高强钢厚板焊接质量处于良好的受控状态，焊缝无损检测一次合格率达到 98％以上。

第 4 章
耐候钢焊接技术

4.1 耐候钢的分类及性能

4.1.1 耐候钢的分类

耐候钢，即耐大气腐蚀钢，是介于普通碳钢和不锈钢之间的低合金系列钢。耐候钢主要是由于钢中加入磷、铜、铬、镍等微量元素后，使钢材表面形成致密和附着性很强的耐腐蚀保护膜。这层保护膜阻碍锈蚀向内扩散和发展，保护锈蚀层下面的基体减缓其腐蚀速度，达到耐大气腐蚀的作用。

耐候钢按照使用性能可以分为高耐候性钢和焊接结构用耐候钢两大类。

高耐候性钢主要考虑耐大气腐蚀性能，钢中的耐腐蚀合金元素以 Cu-P（铜-磷）为基础，磷的含量为 $0.07\% \sim 0.15\%$。我国的 GB/T 4171 系列、美国的 ASTM A242 系列和日本 JIS3125 中的 SPA-H 均属此类。这类钢主要用于车辆、塔架、建筑等结构件中，其耐候性能比焊接结构用耐候钢要好。

焊接结构用耐候钢是既考虑其耐大气腐蚀性能，又考虑其焊接性能。其焊接性能是通过限制 P（磷）含量来实现的，一般规定 P（磷）的含量小于 0.04%。我国的 GB/T 4172 系列、美国的 ASTM A588 系列、日本的 JIS G3114 系列属此类。这类钢主要用于桥梁、建筑等有耐腐蚀要求较高的焊接结构中。

我国针对耐候钢的不同用途有不同标准。耐候钢的标准主要有现行国家标准《高耐候结构钢》（GB/T 4171），（主要钢种为 Q××GNH（L），其中××代表屈服强度，L 代表含有 Cr、Ni 元素）和《焊接结构耐候钢》（GB/T 4172）（主要钢种有 Q××NH，其中××代表屈服强度）。

4.1.2 耐候钢的性能

耐候钢是一种可融入现代冶金新机制、新技术、新工艺而使其持续发展和创新的钢系。基于耐候钢的上述特性，其制品生产过程可以简化防腐工艺，达到节能降耗的目的，是一种绿色钢系。

耐候钢的机械性能指标主要是指常温下抗拉强度和屈服强度及低温下冲击韧性，耐候钢理化性能指标见表 4-1～表 4-3。

耐候钢的力学性能 表 4-1

牌号	交货状态	厚度 (mm)	屈服点 σ_s (MPa) 不小于	抗拉强度 σ_b (MPa) 不小于	伸长率 δ_s (%) 不小于	180° 弯曲试验
Q295GNH	热轧	≤6	295	390	24	$d=a$
		>6				$d=2a$
Q295GNHL		≤6	295	430	24	$d=a$
		>6				$d=2a$
Q345GNH		≤6	345	440	22	$d=a$
		>6				$d=2a$
Q345GNHL		≤6	345	480		$d=a$
		>6				$d=2a$
Q390GNH		≤6	390	490	22	$d=a$
		>6				$d=2a$
Q295GNH	冷轧	≤2.5	260	390	27	$d=a$
Q295GNHL						
Q345GNHL			320	450	26	

注：d 为弯心直径，a 为钢材厚度。

耐候钢的低温冲击性能 表 4-2

牌号	V 形缺口冲击试验		
	试验方向	温度(℃)	平均冲击功(J)
Q295GNH	纵向	0-20	≥27
Q295GNHL			
Q345GNH			
Q345GNHL			
Q390GNH			

注：试验温度应在合同中注明。

耐候钢的化学成分 表 4-3

牌号	统一数字代号	化学成分(%)									
		C	Si	Mn	P	S	Cu	Cr	Ni	Ti	RE (加入量)
Q295GNH	L52951	≤1.2	0.20~0.40	0.20~0.60	0.07~0.15	≤0.035	0.25~0.55			≤0.10	≤0.15
Q295GNHL	L52952	≤1.2	0.10~0.40	0.20~0.50	0.07~0.12	≤0.035	0.25~0.45	0.30~0.65	0.25~0.50		
Q345GNH	L53451	≤1.2	0.20~0.60	0.20~0.50	0.07~0.12	≤0.035	0.25~0.50			≤0.03	≤0.15

续表

牌号	统一数字代号	化学成分(%)									
		C	Si	Mn	P	S	Cu	Cr	Ni	Ti	RE (加入量)
Q345GNHL	L53452	≤1.2	0.25~0.75	0.20~0.50	0.07~0.15	≤0.035	0.25~0.55	0.30~1.25	≤0.65		
Q390GNH	L53901	≤1.2	0.15~0.65	≤1.40	0.07~0.12	≤0.035	0.25~0.55			≤0.10	≤0.12

4.2　耐候钢的焊接特点

耐候钢与普通低合金钢相比，耐候钢的碳当量高，淬硬倾向大，焊接性较差，因此焊接热影响区的裂纹倾向也大。同时，随着强度级别的升高，产生裂纹的几率增大。耐候钢的焊接裂纹主要包括冷裂纹和热裂纹。

4.2.1　焊接冷裂纹

冷裂纹是指焊接接头冷却到较低温度时所产生的裂纹。冷裂纹包括延迟裂纹、淬硬裂纹、低塑性脆化裂纹等，通常所说的冷裂纹是指延迟裂纹。

1. 造成焊接冷裂纹的主要因素

（1）钢的淬硬倾向。

（2）焊接拉应力。

（3）焊接接头的含氢量及其分布。

2. 防治焊接冷裂纹的措施

（1）选用碱性低氢型焊材。碱性低氢型焊材的焊接接头的含氢量低，脱硫、脱磷性能好，冲击韧性高。低氢型焊条在使用前需在300~350℃温度下烘焙1~2h，达到有效去除水分的目的，从而减少焊接接头的含氢量，降低接头的冷裂倾向。

（2）焊前应对施焊部位及其两侧各50mm范围内清理干净，去除水分、铁锈、油污等杂物。

（3）焊前预热、焊后缓冷或热处理。焊前预热、焊后缓冷或热处理应根据板厚、材质、采用不同的温度控制。焊前预热、焊后缓冷或热处理可以使扩散的氢充分逸出，降低焊接残余应力，改善组织，减少淬硬性，从而降低焊接冷裂纹倾向。

（4）合理安排焊接顺序。焊接顺序的选择应尽量保证焊缝在刚度较小的条件下焊接，以达到减小焊接应力的目的。

（5）选用合适的焊接线能量。焊接时应适当增大线能量来延长焊接接头的冷却时间，减少或避免焊接热影响区的淬火组织，同时有利于氢的逸出，达到降低冷裂纹的目的。

（6）选用合适的多层多道成型工艺。中厚耐候钢板焊接宜采用清根双面多层多道焊接。多层焊时，前一层焊道对后一层焊道起到预热的作用；而后一层焊道对前一层焊道又起到后热缓冷的作用，所以多层焊接头比单层焊接头抗裂性好。多层多道焊接示意如图4-1所示。

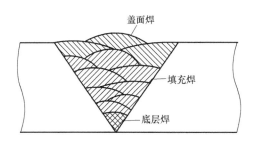

图4-1 多层多道焊示意图

4.2.2 焊接热裂纹

热裂纹是指在高温下结晶时产生的裂纹。裂纹都是沿晶界开裂，所以也称为结晶裂纹。这种裂纹可在显微镜下观察到，具有晶间破坏的特征，在裂纹的断面上多数具有氧化色。热裂纹主要出现在含杂质较多的焊缝中（特别是含硫、磷、碳较多的碳钢焊缝中）和单相奥氏体或某些铝合金焊缝中，有时也产生在热影响区中，有纵向的，也有横向的。

防治高强度耐候钢焊接热裂纹产生的主要措施有：

（1）选用碱性焊材。

（2）合理安排焊接顺序，尽量减小焊接应力。

（3）采用合理的焊接参数，适当减小焊接电流并提高电弧电压。

（4）控制焊缝的形状。由于焊缝结晶时其低熔点物质集中在焊缝中心，在焊接拉应力的作用下，极易产生结晶裂纹，所以应对耐候钢焊接的焊缝形状进行控制。焊缝形状的选择尽量避免凹心和平齐的角焊缝及窄深的对接焊缝。对接焊缝的形状系数（宽深比）一般控制在1.3～2，且有1～2mm的焊缝余高，对接焊缝和角焊缝的外形应为微凸形，焊缝末端采用回焊收尾法，手工焊条焊和半自动气保焊焊缝弧坑须填满。

4.3 耐候钢的焊接工艺

4.3.1 焊接方法的选择

1. 焊接方法选择因素

焊接方法的选择主要考虑两方面因素：一是产品特点；二是生产条件。

（1）产品特点。包括母材特性、结构类型、工件厚度、接头形式和焊接位置等因素。

（2）生产条件。包括制造技术水平、设备条件、焊接用消耗材料和焊接环境条件，在考虑以上两因素的同时还要兼顾经济性。图 4-2 反映了焊接方法的选择与影响因素的关系。

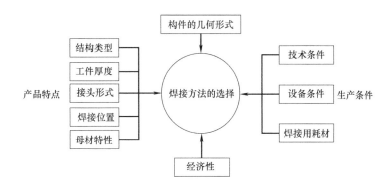

图 4-2　焊接方法的选择及相互影响

2. 耐候钢常用焊接方法

耐候钢常用的焊接方法有：焊条电弧焊、熔化极气体保护焊、埋弧焊。

（1）焊条电弧焊。焊条电弧焊是用手工操作焊条进行焊接的电弧焊方法。

① 设备简单，维护方便。焊条电弧焊使用的交流和直流焊机都比较简单，焊接操作时不需要复杂的辅助设备，只需配备简单的辅助工具。

② 不需要辅助气体保护。焊条不但能提供填充金属，而且在焊接过程中能够产生保护熔池和焊接处避免氧化的保护气体，具有较强的抗风能力。

③ 操作灵活，适应性强。焊条电弧焊适用于空间任意位置，以及其他不易实现机械化焊接的焊缝。凡焊条能够达到的地方都能进行焊接，操作灵活。

④ 对焊工的操作技术要求较高。焊条电弧焊的焊接质量除靠选用合适的焊条、焊接工艺参数和焊接设备外，主要靠焊工的操作技术经验保证，即焊条电弧焊的焊接质量在一定程度上取决于焊工操作技术。

⑤ 劳动条件差。焊条电弧焊主要靠焊工的手工操作和眼睛观察完成全过程，焊工的劳动强度大。并且始终处于高温烘烤和有毒的烟尘环境，劳动条件比较差，因此要加强劳动保护。

⑥ 生产效率低。焊条电弧焊主要靠手工操作，并且焊接工艺参数选择范围较小，另外焊接时要经常更换焊条，并要经常进行焊道熔渣的清理，与自动焊相比，焊接生产效率低。

（2）熔化极气体保护焊。熔化极气体保护焊是利用连续送丝与工件之间燃烧的电弧热源，用气体保护电弧、金属熔滴、熔池和焊接区的电弧焊方法。

① 效率高。熔化极气体保护焊可采用半自动和全自动焊接，焊丝送进连续自动，

表面无熔渣，省去了焊条电弧焊中更换焊条和清渣时间，是一种效率较高的焊接方法。

② 熔深大。在相同焊接电流下，熔深比焊条电弧焊大。薄壁零件在一定厚度时可不开坡口，厚壁零件可采用多层多道焊。

③ 焊接速度快，焊接变形小。

④ 可实现各种焊接位置，灵活性强。

⑤ 明弧操作，焊工可以观察到电弧和熔池。

⑥ 焊接设备比焊条电弧复杂、费用高。

⑦ 保护效果易受外来气流的影响。如现场施焊时，须在周围加设挡风屏障。

（3）埋弧焊。埋弧焊是一种利用位于焊剂层下电极与焊件之间燃烧的电弧产生的热量熔化电极、焊剂和母材金属的焊接方法。

① 生产效率高。埋弧焊所用焊接电流大，电弧的熔透能力和焊丝的熔化速度高，加上焊剂、熔渣的保护，熔敷率高。

② 焊接质量好。因为焊渣的保护，熔化金属不与空气接触，熔池金属凝固较慢，液体金属和熔化焊剂间的冶金反应充分，减少了焊缝中产生气孔、裂纹的可能性。利用焊剂对焊缝金属脱氧还原反应以及渗合金作用，可以获得力学性能优良、致密性高的优质焊缝金属。焊缝金属的性能容易通过焊剂和焊丝的选配调整来实现。焊缝表面光洁，焊后无需修磨焊缝表面。

③ 劳动条件好。埋弧焊过程无弧光辐射，噪声小，烟尘量少，是一种安全、绿色的焊接方法。

④ 埋弧焊由于采用颗粒状焊剂保护，所以焊接位置受到限制。一般只能在平焊或横焊位置进行焊接，对工件的倾斜度亦有限制。

⑤ 埋弧焊接时不能直接观察电弧和坡口的相对位置，需要采用焊缝自动跟踪装置来保证焊炬的对准，对装配精度要求高，每层焊道焊接后必须清除焊渣。

4.3.2 焊接材料的选择

焊接材料的选择应根据母材的化学成分、力学性能、焊接性能并结合结构特点、使用条件及焊接方法综合考虑，必要时通过试验确定。

耐候钢焊接采用的焊条、实芯焊丝及埋弧焊丝的标准可参照现行行业标准《铁道车辆耐大气腐蚀钢及不锈钢焊接材料》（TB/T 2374），药芯焊丝的标准参照现行国家标准《低合金钢药芯焊丝》（GB/T 17493）的规定。耐候钢的焊缝金属在保证力学性能前提下其主要的化学成分和耐大气腐蚀指数，详见表4-4和表4-5。

耐大气腐蚀指数 $I = 26.01(\%Cu) + 3.88(\%Ni) + 1.20(\%Cr) + 1.49(\%Si) + 17.28(\%P) - 7.29(\%Cu)(\%Ni) - 9.10(\%Ni)(\%P) - 33.39(\%Cu)^2$

例如：在国内桥梁结构项目上采用耐大气腐蚀气保焊、埋弧焊进行焊接，并对不同焊材进行了试验，确保焊接材料性能和母材的性能相匹配，具体试验结果见表4-6、表4-7。

耐大气腐蚀焊条熔敷金属化学成分　　　　表 4-4

焊材类型	型号	牌号	w(C)	w(Mn)	w(Si)	w(P)	w(S)	w(Cu)	w(Cr)	w(Ni)	w(W)
焊条	E5003-G	J502WCu	≤0.12	0.30~0.90	≤0.40	≤0.035	≤0.030	0.20~0.50	—	—	0.20~0.50
	E5003-G	J502NiCrCu	≤0.12	0.30~0.90	≤0.40	≤0.035	≤0.030	0.20~0.50	0.20~0.40	0.20~0.50	—
	E5003-G	J502NiCu	≤0.12	0.30~0.90	≤0.40	≤0.035	≤0.030	0.20~0.50	—	0.20~0.50	—
	E5011-G	J505NiCrCu	≤0.12	0.30~0.90	≤0.40	≤0.035	≤0.030	0.20~0.50	0.20~0.40	0.20~0.50	—
	E5015-G	J507NiCu	≤0.12	0.30~0.90	≤0.40	≤0.035	≤0.030	0.20~0.50	—	0.20~0.50	—
	E5015-G	J507NiCrCu	≤0.12	0.30~0.90	≤0.40	≤0.035	≤0.030	0.20~0.50	0.20~0.40	0.20~0.50	—
	E5016-G	J506WCu	≤0.12	0.30~0.90	≤0.70	≤0.035	≤0.030	0.20~0.50	—	—	0.20~0.50
	E5016-G	J506NiCu	≤0.12	0.30~0.90	≤0.70	≤0.035	≤0.030	0.20~0.50	—	0.20~0.50	—
	E5016-G	J506NiCrCu	≤0.12	≤1.25	≤0.70	≤0.035	≤0.030	0.20~0.50	0.30~0.80	0.20~0.50	—
	E5516-G	J556NiCrCu	≤0.10	≤1.60	≤0.60	≤0.025	≤0.020	0.20~0.40	0.30~0.60	0.20~0.60	—
	E6016-G	J606NiCrCu	≤0.10	≤2.00	≤0.60	≤0.025	≤0.020	0.20~0.40	0.30~0.90	0.20~0.90	—

耐大气腐蚀气保焊、埋弧焊熔敷金属化学成分　　　　表 4-5

焊材类型	型号	牌号	碳(C)	锰(Mn)	硅(Si)	磷(P)	硫(S)	铜(Cu)	铬(Cr)	镍(Ni)	钨(W)
气体保护焊丝	RE44-G	H08MnSiCuCrNiⅡ	≤0.10	0.90~1.30	0.35~0.65	≤0.025	≤0.025	0.20~0.50	0.20~0.50	0.20~0.50	—
	RE44-G	H08MnSiCuCrⅡ	≤0.10	0.90~1.30	0.35~0.65	≤0.025	≤0.025	0.20~0.50	0.20~0.50	—	≤0.15
	ER50-G	H08NiCuMnSiⅡ	≤0.10	0.60~1.20	≤0.60	≤0.025	≤0.025	0.20~0.50	≤0.10	0.40~0.60	—
	ER50-G	TH500-NQ-Ⅱ	≤0.10	0.60~1.20	≤0.60	≤0.025	≤0.025	0.20~0.50	0.30~0.90	0.20~0.60	—
	ER55-G	TH550-NQ-Ⅱ	≤0.10	1.20~1.60	≤0.60	≤0.020	≤0.020	0.20~0.50	0.30~0.90	0.20~0.60	—
	ER60-G	TH600-NQ-Ⅱ	≤0.10	0.70~1.80	≤0.60	≤0.020	≤0.020	0.20~0.50	0.30~0.90	0.20~0.80	—
埋弧焊丝	EW	H08MnCuCrNiⅢ	≤0.12	0.70~1.00	0.15~0.30	≤0.030	≤0.030	0.25~0.45	0.20~0.50	0.30~0.60	—
	EW	TH500-NQ-Ⅲ	≤0.12	1.00~1.60	≤0.35	≤0.025	≤0.020	0.20~0.50	0.30~0.90	0.20~0.80	—
	EW	TH550-NQ-Ⅲ	≤0.12	1.00~2.00	≤0.35	≤0.025	≤0.020	0.20~0.50	0.30~0.90	0.20~0.80	—
	EW	TH600-NQ-Ⅲ	≤0.12	1.00~2.00	≤0.35	≤0.025	≤0.020	0.20~0.50	0.30~0.90	0.30~1.0	—

注：1. 为保证性能，必要时可添加 Nb、V、Ti 等合金元素，但合金元素的总量应小于等于 0.22%。

　　2. 焊丝中 RE 仅为钢厂冶炼时的加入量。

　　3. 焊丝牌号中：T—铁道；H—焊丝；500（500，600）—焊丝熔敷金属的最小抗拉强度（MPa）；NQ—耐大气腐蚀；Ⅱ—富氩气体保护焊；Ⅲ—表示埋弧焊。

耐候钢焊材化学成分试验结果 表 4-6

焊接方法	型号	化学成分(%)								
		碳(C)	锰(Mn)	磷(P)	硫(S)	硅(Si)	镍(Ni)	铬(Cr)	铜(Cu)	耐腐蚀指数 I ≥6.0%
气保焊	TH550-NQ-Ⅱ	0.08	1.21	0.013	0.008	0.25	0.46	0.43	0.22	6.21
埋弧焊	TH550-NQ-Ⅲ	0.06	1.47	0.014	0.005	0.33	0.79	0.38	0.21	6.93

耐候钢焊材力学性能试验结果 表 4-7

焊接方法	型号	力学性能								
		屈服强度(MPa)	抗拉强度(MPa)	断后伸长率(%)	温度(℃)	冲击功(J)				
气保焊	TH550-NQ-Ⅱ	479	563	26	−20	56	78	90	88	83
埋弧焊	TH550-NQ-Ⅲ	487	591	29	−20	110	106	114	128	131

4.3.3 焊接工艺

　　耐候钢的焊接工艺包括焊材选择、焊前准备、焊接过程参数控制，以及焊后检验等内容。焊接参数见表 4-8。

焊接规范参数选择参考表 表 4-8

焊接方法	焊材牌号	焊材规格(mm)	焊接参数	
手工电弧焊	J507NiCrCu	3.2	焊接电流:90～140A	焊接电压:22～25V
气体保护焊(实芯)	TH550-NQ-Ⅲ	1.2	焊接电流:230～300A	焊接电压:25～32V
气体保护焊(药芯)	E501T-1	1.2	焊接电流:200～280A	焊接电压:23～30V
埋弧自动焊	TH550-NQ-Ⅲ(配 SJ101)	4.0	焊接电流:550～700A	焊接电压:33～45V

　　(1) 焊材选择须与母材相匹配，必须保证熔敷金属的最低抗拉强度不低于母材的抗拉强度。当两种不同性能的耐候钢焊接时，允许按其中强度较低的母材来选用焊材，但焊接工艺须满足强度较高的母材的工艺要求。

　　(2) 组焊前需对欲组焊的构件进行检查，不合格的不得装配，并要求欲焊部位及两侧各 50mm 范围内应去除水分、铁锈、油污等杂物。采用气割或碳弧气刨加工坡口后，须除去坡口表面的氧化熔渣或气刨挂渣，不影响焊接质量的致密氧化层或硬化层可不清除。

　　(3) 焊接过程中手工电弧焊或气体保护焊须要多层多道焊，每焊完一层后应彻底清除熔渣，方可进行后一层的焊接。相邻两层焊缝的接头应错开 20～30mm，并采用回焊收尾，焊接弧坑必须填满。为减小焊接变形，降低焊接应力，施焊时应选择合理的焊接顺序和方法。所有焊缝（包括定位焊）施焊后，必须将其熔渣和飞溅彻底清除。焊接时应防止电弧击伤焊件上非焊接的表面。

（4）焊接完成后进行焊缝外观检查，所有焊缝按现行国家标准《钢结构工程施工质量验收规范》（GB 50205）或等同标准进行 100％外观检验，待焊缝完全冷却后，焊缝按现行国家标准《焊缝无损检测超声检测技术、检测等级和评定》（GB/T 11345）或等同标准进行无损探伤。

4.4　广州电视塔天线桅杆耐候钢焊接

4.4.1　现场焊接节点形式

1. 现场焊接位置

广州电视塔天线桅杆总高 156m，由下至上分为格构段和实腹段两部分。

格构段自标高 453.83m 至 550.50m，长 96.67m。由八根钢管柱、水平环杆和斜杆组成，呈八边形，对边距由 12m 逐渐过渡至 3.5m。钢材主要采用 Q390GJC 高强度低合金结构钢，部分 H 型钢环杆和斜杆采用 Q345GJC。节点连接以等强焊接连接为主，部分 H 型钢连接采用高强度螺栓。

实腹段自标高 550.50m 至 610.00m，长 60.5m，其截面形式为正四边形和正八边形，对边距 2500mm 至 750mm，呈阶梯状变化。钢板厚度最大达 70mm。钢材采用 BRA520C 高强耐候钢，焊接等强连接（图 4-3）。

现场焊接分为＋454.00m 标高平台拼装焊接和高空对接两种位置，见表 4-9。

现场焊接构件规格及位置分布　　　　　表 4-9

分段	分段标高(m)	454m 拼装平台焊接工作		高空焊接工作	
		454	焊接截面	高空	焊接截面
SKL	549.00～553.30	√		√	2500×2500×60×60 正方形箱形柱
SFD-01	553.30～557.63	√	2500×2500×60×60 正方形箱形柱		
SFD-02	557.63～561.92			√	2500×2500×60×60 正方形箱形柱
SFD-03	561.92～567.34	√	2500×2500×70×70 正方形箱形柱		
SFD-04	567.34～572.44			√	2500×2500×50×50 正方形箱形柱
SFD-05	572.44～577.40				
SFD-06	577.40～583.85	√	1500×1500×70×70 正八边形箱形柱	√	
SFD-07	583.85～592.47			√	1500×1500×50×50 正方形箱形柱
SFD-08	592.47～602.46	√	1200×1200×40×40 正八边形箱形柱	√	
SFD-09	602.46～618.00				

2. 现场焊接节点形式

实腹段现场焊接节点如图 4-4 所示，箱体对接内部采用连接板高强度螺栓连接，对接口采用 35°单边 V 形剖口全熔透焊接。

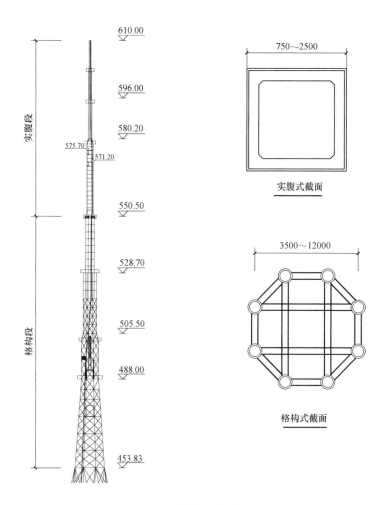

图 4-3　天线桅杆构成示意

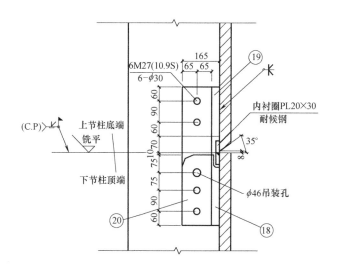

图 4-4　实腹段现场对接节点

4.4.2 BRA520C 耐候钢焊接性及焊接材料的选用

考虑到广州市的气象条件及天线桅杆的使用维护要求，天线的实腹段设计采用了 BRA520C 耐候钢，为上海宝钢专门研制开发生产的高强度焊接结构用耐候钢。

BRA520C 耐候钢属于 Cu—Cr—Ni（铜—铬—镍）系焊接结构用耐候钢，含 P（磷）量控制在 0.02% 以下，冷裂敏感指数 $P_{cm} \leqslant 0.22$，具有较好的焊接性能。BRA520C 钢力学性能见表 4-10。

BRA520C 力学性能　　　　　　　　　　　　　　表 4-10

板厚(mm)	屈服强度 R_{eH}(MPa)	抗拉强度 R_m(MPa)	伸长率 δ_5（%）	弯曲(180°)	Z 向性能	0℃冲击功 (J，纵向/均值)
≤16	≥420	520～680	≥20	$d=2a$	—	≥47
>16～35	≥420～550	520～680	≥20	$d=2a$	—	≥47
>35～50	≥410～540	520～680	≥20	$d=2a$	≥15	≥47
>50～70	≥400～530	520～680	≥20	$d=2a$	≥15	≥47

焊接材料的选用上，根据国内现有的耐候钢焊接材料生产厂家的产品系列，最终选定了焊条电弧焊焊条：J556CrNiCu（GB E5518—W）；药芯焊丝 CO_2 气体保护焊焊丝：GB E551T1—W。

BRA520C 耐候钢尚属首次应用，其焊接性如何还缺少试验数据支撑，因此，对该钢种的焊接性进行了针对性的试验研究，主要包括焊接冷裂纹及热裂纹的敏感性试验、焊接接头的疲劳性能测试等。通过试验，所选用的两种焊接材料的抗热裂性都比较好；在冷裂纹试验中，焊条的抗冷裂性优于焊丝，焊接时预热温度要求，手工焊也低于 CO_2 保护焊。因此，现场焊接最终确定了采用焊条电弧焊的焊接方法。

4.4.3 焊接工艺及措施

1. 预热

（1）根据母材性能并结合相关标准及施工经验，确定预热温度≥100℃。

（2）预热使用自动控制的远红外电加热板进行，预热范围为坡口及坡口两侧不小于板厚的 1.5 倍宽度，且不小于 100mm。测温点距焊接点各方向上不小于焊件的最大厚度值，但不得小于 75mm 处。采用焊根位置温度作为控制温度，即焊根必须达到 100℃方可开始焊接。

2. 多层多道焊

焊接时采用多层多道焊，根部使用 $\phi3.2mm$ 的焊条进行打底，填充盖面使用 $\phi4.0mm$ 的焊条，焊道厚度不超过 6mm，采用直流反接（DC+）。焊缝成形由坡口面到中间，层间温度不低于预热温度，控制在 100～200℃（图 4-5）。

3. 后热处理

后热处理主要是为降低留在焊缝中的氢含量，减小氢致裂纹倾向。根据广州气候

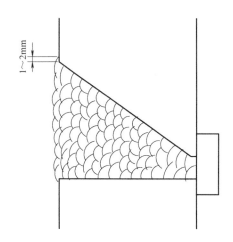

图 4-5　焊道布置示意图

特点，采用加热器加热 1h 然后保温，用石棉包裹接头两侧不小于 500mm 的范围，使整个接头冷却速度减缓。

焊接工艺参数见表 4-11。

焊接工艺参数　　　　　　　　　　　　　　　　表 4-11

焊接位置	焊接方法	板厚（mm）	焊接材料（mm）	焊接电流（A）	焊接电压（V）	焊接速度（cm/min）
横焊和立焊	SMAW	40、60	J556CrNiCu $\phi3.2$、$\phi4.0$	100～180	22～28	9～18

现场接头及焊接施工照片如图 4-6～图 4-9 所示。

图 4-6　+454.00m 拼装焊接

图 4-7　箱体内部连接板设置及接头加热

图 4-8　多人对称焊接

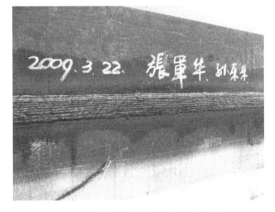

图 4-9　焊缝成型及焊接人员标注

第5章
耐热钢焊接技术

5.1 耐热钢的分类及性能

5.1.1 耐热钢的分类

1. 耐热钢性能分类

耐热钢是指在高温条件下，具有较好的抗氧化性和较高的高温强度的特种钢材，广泛应用于化工、电力、机械、汽车、航空等领域。

耐热钢按其性能可分为抗氧化钢和热强钢两类。抗氧化钢又简称不起皮钢，热强钢是指在高温下具有良好的抗氧化性能并具有较高的高温强度的钢。按其正火组织可分为奥氏体耐热钢、马氏体耐热钢、铁素体耐热钢及珠光体耐热钢等。

耐热钢在国内主要的牌号有 12CrMo、15CrMo、12Cr2Mo、12Cr1MoV，欧美的主要牌号有 Sa387GR5、Sa387GR12、Sa387GR11、Sa387GR22、Sa387GR91，主要添加了 Cr（铬）、Mo（钼）两种合金元素。耐热钢一般采用正火、回火热处理工艺。常用耐热钢化学成分及力学性能见表 5-1、表 5-2。

常用耐热钢化学成分 表 5-1

牌号	化学成分（质量分数）（%）						
	C（碳）	Si（硅）	Mn（锰）	P（磷）	S（硫）	Cr（铬）	Mo（钼）
15CrMo	0.12～0.18	0.17～0.37	0.4～0.7	≤0.03	≤0.03	0.8～1.1	0.4～0.55
12Cr1MoV	0.08～0.15	0.17～0.37	0.4～0.7	≤0.03	≤0.03	0.9～1.2	0.25～0.35
Sa387GR12 CL2	0.05～0.17	0.15～0.4	0.4～0.65	≤0.035	≤0.035	0.8～1.15	0.45～0.6
Sa387GR11 CL2	0.05～0.17	0.5～0.8	0.4～0.65	≤0.035	≤0.035	1～1.5	0.45～0.6
Sa387GR22 CL2	0.05～0.15	≤0.5	0.3～0.6	≤0.035	≤0.035	2～2.5	0.9～1.1
Sa387GR91	0.06～0.15	0.18～0.56	0.25～0.66	≤0.02	≤0.01	8～9.5	0.85～1.05

2. 合金元素对钢耐热性能的影响

（1）Cr（铬）、Al（铝）、Si（硅）这些铁素体的形成元素，在高温下能促使金属表面生成致密的氧化膜，防止继续氧化，是提高钢的抗氧化性和抗高温气体腐蚀的主要元素。但铝和硅含量过高会使室温塑性和热塑性严重恶化。铬能显著提高低合金钢的再结晶温度，含量为 2％时，强化效果最好。

常用耐热钢力学性能　　　　　　　　　　　　　　表 5-2

牌号	力学性能		
	抗拉（MPa）	屈服（MPa）	伸长率（％）
15CrMo	440～640	≥235	≥21
12Cr1MoV	440～640	≥235	≥21
Sa387GR12CL2	450～585	≥270	≥22
Sa387GR11CL2	515～690	≥310	≥22
Sa387GR22 CL2	515～690	≥310	≥18
Sa387GR91	585～760	≥415	≥18

（2）Ni（镍）、Mn（锰）可以形成和稳定奥氏体。镍能提高奥氏体钢的高温强度和改善抗渗碳性。锰虽然可以代镍形成奥氏体，但损害了耐热钢的抗氧化性。

（3）V（钒）、Ti（钛）、Nb（铌）是强碳化物形成元素，能形成细小弥散的碳化物，提高钢的高温强度。钛、铌与碳结合还可防止奥氏体钢在高温下或焊后产生晶间腐蚀。

（4）C（碳）、N（氮）可扩大和稳定奥氏体，从而提高耐热钢的高温强度。钢中含铬、锰较多时，可显著提高氮的溶解度，并可利用氮合金化以代替价格较贵的镍。

（5）B（硼）、稀土均为耐热钢中的微量元素。硼融入固溶体中使晶体点阵发生畸变，晶界上的硼又能阻止元素扩散和晶界迁移，从而提高钢的高温强度；稀土元素能显著提高钢的抗氧化性，改善热塑性。

5.1.2　电厂常用耐热钢性能和主要应用范围

电厂用耐热钢通常用作锅炉水冷壁、刚性梁、过热器、再热器、省煤器、集箱和蒸汽导管等。材料要求有较高的蠕变极限，持久强度及持久塑性，良好的抗氧化性、耐蚀性、抗松弛和热疲劳性能，高温温度场内大的热传导性、小的热膨胀性，足够的组织稳定性及良好的可焊性和冷热加工性能。

电厂用耐热钢主要为珠光体耐热钢，其基体为珠光体或贝氏体组织，主要有铬钼和铬钼钒系列，后来又发展了多元（如铬、钨、钼、钒、钛、硼等）复合合金化的钢种，钢的持久强度和使用温度逐渐提高。

5.2　珠光体型耐热钢的焊接特点

5.2.1　近焊缝区的冷裂纹

相比于普通碳素钢，珠光体型耐热钢是以铬、钼为基本合金元素的低合金钢。这类钢的含铬量一般为 0.5%～0.9%，含钼量一般为 0.5%～1%。随着 Cr（铬）、Mo（钼）含量的增加，钢的抗氧化性、高温强度和抗硫化物腐蚀性能也都增加。另外，在钢中再加入少量的 C（碳）、W（钨）、Nb（铌）、Ti（钛）等元素后，可进一步提高耐热性能和强度。随着合金元素含量的增加，钢材的淬硬倾向亦增大。因此，接头的近焊缝区域，将出现脆而硬的马氏体组织。另外，由于氢容易扩散到近焊缝区并聚集，再加上焊接时的残余应力，使近焊缝区容易引起冷裂纹。

5.2.2　焊缝金属合金元素要求

钢材在高温时，所表现出来的性能和室温时的性能有很大的区别。在室温时，钢的组织及性能一般是非常稳定的，但是长期在高温应力的作用下，由于元素扩散过程的加剧，钢的组织将逐渐发生变化，组织的不稳定性会引起钢的高温性能变化，对钢的热强性产生不利的影响。而影响组织稳定性的主要原因之一就是钢中合金元素的含量。所以，耐热钢焊接时，焊缝金属的化学成分应最大限度地接近被焊钢材的化学成分，以保证高温下性能的一致。为了避免焊缝金属形成裂纹，应尽量减少焊缝中的含碳量。同时，为了得到综合机械性能优良的焊缝金属，往往需要在焊缝中同时加入多种合金元素，实现多元合金化。

5.3　珠光体耐热钢的焊接工艺

5.3.1　焊接材料的选择

焊接接头的性能取决于焊材的选择。在选择耐热钢焊材时，为了保证焊缝性能与母材性能匹配，不但要保证强度的匹配，还要注意焊缝金属的化学成分。

（1）焊接金属的合金成分与强度应与母材相应指标保持一致，或达到产品技术要求的最低性能指标。

（2）焊件在焊后需经过退火、正火或热成形等热处理或热加工，则应选择合金成分或强度较高的焊接材料。

（3）在耐热钢的焊接过程中，选择低氢型碱性焊条、焊剂，能有效防止焊接接头的裂纹倾向。

5.3.2　焊接工艺控制

1. 焊前准备

热切割和碳弧气刨会引起母材的组织变化，其中热切割边缘的低塑性淬硬层会成为钢板后续加工过程中的开裂源。气割前预热、切割后机械加工和表面磁粉探伤检查等措施作为焊前准备的重要工艺环节，可防止厚板火焰气割边缘的开裂，详见表5-3。

防止厚板火焰切割边缘开裂的措施（Cr-Mo 钢）　　　　表 5-3

钢种	厚度范围	割前预热温度	切割边缘割后要求
2.25Cr-Mo～3Cr-Mo	所有厚度	150℃以上	机械加工并用磁粉探伤表面裂纹
1.25 Cr-Mo	15mm 以上	150℃以上	机械加工并用磁粉探伤表面裂纹
1.25Cr-0.5Mo	15mm 以下	100℃以上	机械加工并用磁粉探伤表面裂纹
0.5Mo	15mm 以上	100℃以上	机械加工并用磁粉探伤表面裂纹
0.5Mo	15mm 以下	不预热	机械加工

2. 预热、层间温度、焊后热处理

预热是防止耐热钢焊接冷裂纹和再热裂纹的有效措施之一。预热温度应根据钢的合金成分、接头拘束度、焊缝金属内扩散氢含量来确定。焊后热处理能够增加焊缝的热强性，同时能释放焊缝应力以降低接头的硬度，并加速扩散氢的溢出。在热处理过程中，需要控制加热温度和冷却速度，以降低材料的脆性倾向。表 5-4、表 5-5 引用《火力发电厂焊接技术规程》（DL/T 869），确定预热温度、层间温度及热处理要求。

推荐的常见耐热钢预热、层间温度　　　　表 5-4

钢种	管材		板材		层间温度（℃）
	厚度（mm）	预热温度（℃）	厚度（mm）	预热温度（℃）	
0.5Cr-0.5Mo(12CrMo) 1Cr-0.5Mo(15CrMo、ZG20CrMo)	≥15	150～200	≥15	150～200	150～400
1Cr-0.5Mo-V(12Cr1MoV) 1.5Cr-1Mo-V(ZG15Cr1Mo1V) 2Cr-0.5Mo-W-V(12Cr2MoWVB) 1.75Cr-0.5Mo-V、2.25Cr-1Mo(12Cr2Mo) 3Cr-1Mo-V-Ti(12Cr3MoVSiTi)	≥6	200～300	≥8	200～300	200～300
1Cr5Mo、12Cr13(1Cr13)	任意	250～300	任意	250～300	250～300
9Cr-1Mo(T/P9)、12Cr-1Mo-V	任意	300～350	任意	300～350	300～350
10Cr9Mo1VNbN(T/P91)	任意	200～250	任意	200～250	埋弧焊 200～300 其他 200～250
10Cr9MoW2VNbBN(T/P92)					

推荐的常见耐热钢焊后热处理的恒温温度及恒温时间　　　　表 5-5

钢种	恒温温度（℃）	焊件厚度(mm)						
		≤12.5	12.5～25	25～37.5	37.5～50	50～75	75～100	100～125
		恒温时间(h)						
0.5Cr-0.5Mo(12CrMo)	650～700	0.5	1	1.5	2	2.25	2.5	2.75
1Cr-0.5Mo(15CrMo、ZG20CrMo)	670～700	0.5	1	1.5	2	2.25	2.5	2.75

钢种	恒温温度（℃）	焊件厚度（mm）						
		≤12.5	12.5～25	25～37.5	37.5～50	50～75	75～100	100～125
		恒温时间（h）						
1Cr-0.5Mo-V（12Cr1MoV、ZG20CrMoV）1.5Cr-1Mo-V（ZG15Cr1Mo1V）1.75Cr-0.5Mo-V、2.25Cr-1Mo	720～750	0.5	1	1.5	2	3	4	5
1Cr5Mo、12Cr13	720～750	1	2	3	4	—	—	—
2Cr-0.5Mo-WV（12Cr2MoWVTiB）3Cr-1Mo-V-Ti（12Cr3MoVSiTiB）	750～770	0.75	1.25	2.5	4	—	—	—

施工过程中，采用远红外电加热代替传统的火焰加热，不仅具有温度控制准确可靠，升降温调速可控等优点，同时焊缝区域加热均匀，可避免火焰加热的不均匀所产生的附加应力，有效防止焊接裂纹的产生。

3. 采用合理的组合焊工艺

常规焊接方式是从打底、填充到盖面使用同一焊接方法完成，这种方式因其管理简便的优点而被广泛应用。但是，该方式也存在焊接方法单一、适应性差的现象。特别是在厚板焊接过程中，以 CO_2 气体保护焊为焊接方法，易造成因坡口较小出现焊丝伸出过长，气体保护不良的情况，且在打底焊缝位置产生缺陷。另外，焊条电弧焊焊接效率低，埋弧焊焊接位置单一的特点也存在问题。因此，在选择焊接工艺过程中，应充分考虑焊接方法的优缺点，以及材料性能。

为此，对于中厚板的耐热钢，应选用合适的组合焊接工艺，以保证高效高质量的工艺要求。在打底焊过程中，采用焊条电弧焊，不仅能避免焊丝过长影响焊接质量，也能提高打底焊缝的成形质量，另外，焊条电弧焊同气体保护焊相比较，焊缝稀释率相对较低，可降低焊缝金属对焊接裂纹的敏感性，提高焊缝金属的力学性能。在填充和盖面焊阶段，优先选用埋弧焊填充及盖面，不仅熔敷速度高，焊接速度快，能提高生产效率。同时，焊缝熔渣能起到隔绝空气进行保护的效果，焊缝成分稳定，机械性能较好，外观美观。另外，埋弧焊不外露，无弧光与烟尘，机械作业效率高，且环保健康。对于受焊接位置限制的零件焊接，采用 CO_2 气体保护焊填充盖面，其能够实现连续焊接，提高焊接效率。

4. 多层多道错位焊工艺

多层多道错位焊接技术，是在多层多道焊接技术的基础上，焊接接头错位连接，即对于较长的焊缝,所有接头不在一个平面内,通常错位 50mm 以上。多层多道焊焊缝成形如图 5-1 所示。

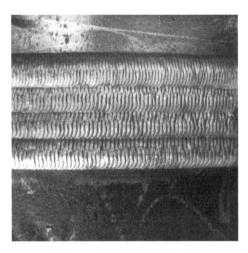

多层多道错位焊的显著优点是上道焊缝对下道焊缝能进行有效的热处理。在焊后冷却过程中,从纯度较高的高熔点物质开始凝固,单道焊凝固过程中易形成柱状晶,在最后凝固的部分及形成的柱状晶的间隙处,易留下低熔点的夹杂物。在多层多道焊时,后道焊缝对前一道焊缝重新加热,加热超过 900℃ 的部分够可以消除柱状晶并使晶粒细化。因此错层多道焊比单层焊可以提高焊缝的冲击韧性,能有效控

图 5-1 多层多道焊焊缝成形

制焊接应力及应变,从而提高焊接接头综合性能。

5.3.3 耐热钢的焊缝探伤及返修要求

耐热钢的焊接接头淬硬倾向大,焊缝中的残余应力易产生冷裂纹,耐热钢除在焊后进行 UT 探伤外,通常要求在退火热处理冷却到室温后再次 UT 探伤以检查是否有延迟裂纹。所有的焊缝表面应进行 MT 磁粉探伤以检查是否出现表面裂纹。

经无损检测确定焊缝存在超标缺陷时应进行返修,返修应符合下列规定:

(1) 返修前,应编制专项返修方案。

(2) 应根据无损检测确定缺陷的位置、深度,用砂轮打磨或碳弧气刨清除缺陷。缺陷为裂纹时,碳弧气刨前应在裂纹两端钻止裂孔并清除裂纹及其两端各 50mm 长的焊缝或母材。

(3) 清除缺陷时应将刨槽加工成四侧边斜面角大于 10° 的坡口,并应修整表面,磨除气刨渗碳层,必要时应用磁粉探伤确定裂纹是否彻底清除。

(4) 焊补时应在坡口内引弧,熄弧时应填满弧坑;多层焊的焊层之间接头应错开,焊缝长度应不小于 100mm;当焊缝长度超过 500mm 时,应采用分段退焊法。

(5) 返修部位应连续焊成。若中断焊接时,应采取后热、保温措施,防止产生裂纹,再次焊接前宜用磁粉或渗透探伤方法检查,确认无裂纹后方可继续补焊。

(6) 同一部位返修不宜超过两次。对两次返修后仍不合格的部位应重新制定返修方案,经工程技术负责人审批,并报监理工程师认可后方可执行。

(7) 返修焊接应填报返修施工记录及返修前后的无损检测报告。

5.4 合金耐热钢 12Cr1MoV 的焊接

12Cr1MoV 为目前较为常用的耐热钢,它具有较好的抗氧化性和热强性。

12Cr1MoV 钢的蠕变极限与持久强度值很接近，并在持久拉伸的情况下具有较高的塑性，适用于工作温度不超过 580℃ 的环境，在电厂锅炉水冷壁、刚性梁中广泛使用。下面针对 12Cr1MoV 的焊接从焊接材料选择、工艺参数选择、焊前准备、焊接过程控制、焊后处理、无损检测等方面作简要介绍。

1. 焊接材料的确定及焊接工艺参数的确定

耐热合金钢的焊接接头在保证接头强度的同时，仍需拥有与母材相近的化学成分，因此需选用专用的耐热钢焊材。根据《火力发电厂焊接技术规程》（DL/T 869），焊条电弧焊的型号选用 R317，CO_2 气体保护焊选用 ER55-B2V，埋弧焊选用 H08CrMoVA 焊丝＋HJ350 焊剂。所选用焊接材料化学成分见表 5-6，经焊接工艺评定得到的焊接接头力学性能见表 5-7，焊接工艺参数见表 5-8。

焊接材料化学成分 表 5-6

焊材名称	元素（%）									
	C	Si	Mn	P	S	Cr	Mo	V	Ni	Cu
R317	0.092	0.413	0.76	0.012	0.008	1.1	0.498	0.18	—	—
ER55-B2V	0.06	0.52	1.15	0.015	0.006	1.23	0.44	0.13	—	—
H08CrMoVA＋HJ350	0.07	0.19	0.58	0.008	0.006	1.12	0.56	0.23	0.03	0.06

焊接接头力学性能 表 5-7

焊材名称	抗拉（MPa）	屈服（MPa）	冷弯
R317	515、508	268、273	4T,180°无裂纹
ER55-B2V	498、507	255、255	4T,180°无裂纹
H08CrMoVA＋HJ350	503、495	257、257	4T,180°无裂纹
合格指标	440～640	≥235	4T,180°无裂纹

焊接工艺参数 表 5-8

焊材名称	焊材规格（mm）	焊接电流（A）	焊接电压（V）	焊接速度/(mm·min^{-1})
R317	4	140～150	23～24	80～100
ER55-B2V	1.2	240～300	26～31	150～200
H08CrMoVA＋HJ350	4	450～550	34～37	360～390

2. 坡口的加工及清理

采用热切割方法进行下料，切割前先将钢板预热至 150℃，切割后应打磨清除坡口表面的淬硬层，并对坡口进行 100% 磁粉检测，按现行行业标准《承压设备无损检测》（NB/T 47013）规定，磁粉Ⅰ级合格。

3. 焊接过程

焊接前，应彻底清理沿接缝两侧各宽 50mm 范围内的表面杂质，包括水、锈、氧化物、油污、泥灰、毛刺及熔渣等其他影响焊接质量的物质。为防止焊接冷裂纹的产生，施焊前将坡口两侧 500mm 范围内均匀预热至 250℃，并保持焊道间的层间温度在 200～300℃。

采用多层多道错位焊技术进行焊接，每道焊缝尽量采用连续焊，且每一个引弧点应错开。为消除焊缝中的残余内应力，每焊完一层，要对焊缝进行层间锤击，以保证焊接接头的质量。

4. 焊后热处理

对于合金钢 12Cr1MoV 的焊缝，焊后应进行退火热处理，温度为 700～740℃（建议 720℃），热处理曲线图见图 5-2，典型板厚热处理时间见表 5-9。

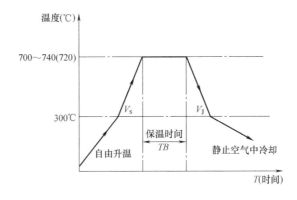

图 5-2　热处理曲线图

阶段一：温度在达到 300℃ 之前，自由升温；

阶段二：温度处于 300～720℃ 间升温时，每小时升温速率 V_s≤5500℃/板厚毫米数，但最高不超每小时 220℃；

阶段三：温度达到 720℃ 进行保温，保温时间：板厚≤50mm，保温时间 TB＝板厚毫米数/25（h）且不小于 0.5h；当板厚＞50mm 时，保温时间为（150＋板厚毫米数）/100（h）。

阶段四：温度处于 720～300℃ 之间降温时，每小时降温速率 V_J≤7000℃/板厚毫米数，但最高不大于每小时 280℃；

阶段五：温度在降到 300℃ 之后，在静止空气中冷却或保温棉覆盖自由降温缓冷。

备注 1. 加热期间，加热区任何两点温差≤50℃（炉内热处理），80℃（炉外热处理）；

2. V_s 为升温过程，V_J 为降温过程。

典型板厚热处理时间表　　　　　　　　　　　　　　　　　表 5-9

板厚(mm)	300～720℃升温最短时间	720℃保温最短时间	720～300℃降温最短时间
10～25	1h55min	1h0min	1h30min
30	2h17min	1h12min	1h48min
35	2h40min	1h24min	2h6min
40	3h3min	1h36min	2h24min
45	3h26min	1h48min	2h42min
50	3h49min	2h0min	3h0min
55	4h12min	2h3min	3h18min
60	4h35min	2h6min	3h36min

炉外局部热处理时，将宽电加热片沿焊缝中心纵向布置，覆盖两侧各 150mm 宽度以上，前后相邻电加热片间隔≤20mm。保温棉应完全包裹电加热片及其两侧各 200mm 范围以上（正反均需布置），总厚度≥60mm。

5. 焊后无损检测

为保证焊接接头焊缝的内部质量及表面质量，焊前应对坡口两侧按照现行业标准《承压设备无损检测》（NB/T 47013）进行磁粉探伤，保证 100％磁粉 I 级合格。对背面清根后焊缝进行磁粉检测，保证 100％磁粉 I 级合格。对于焊接接头检测，先进行 100％超声波检测，在确保无缺陷后再进行热处理。为了确保焊缝质量，热处理要求冷却至室温后 2d，再进行 100％磁粉＋100％超声波探伤。

第6章

铸钢件焊接技术

6.1 铸钢的分类及性能

6.1.1 铸钢的分类

铸钢是一种以铁、碳为主要元素、含碳量在 0~3% 之间的铸造合金。铸钢按化学成分可分为铸造碳钢和铸造合金钢，根据含碳量铸造碳钢又可进一步划分为铸造低碳钢（C%<0.25%）、铸造中碳钢（0.25%≤C%<0.6%）和铸造高碳钢（0.6%≤C%<3%）。

工程领域铸钢一般分为一般铸造用钢和焊接铸造用钢。一般铸造用钢执行标准为国家标准《一般工程用铸造碳钢件》（GB/T 11352—2009），其钢材牌号遵循国家标准《铸钢牌号表示方法》（GB/T 5613—2014），适用于一般工程用铸造碳钢件。焊接铸造用钢是工程建设领域的主要应用类型，其执行标准主要有国家标准《焊接结构用铸钢件》（GB/T 7659—2010）和中国工程建设协会标准《铸钢节点应用技术规程》（CECS 235：2008），主要从焊接性能角度对铸钢作出的规定。

6.1.2 铸钢的性能

铸钢的机械性能指标主要包括常温条件下抗拉强度、屈服强度和冲击值，以及高温试验条件下屈服强度（如德国承压设备用铸钢标准 DIN EN 10213）。铸钢材料在交货出厂前往往要经过正火（+N）或淬火（+Q）和回火（+T）处理，目的是细化晶粒，消除魏氏组织及铸造应力。

目前世界各国一般工程用铸钢大体上是按强度分类，并制定相应的牌号。所列牌号前一个数字表示屈服强度，后一个数字表示抗拉强度。就同一牌号铸钢而言，其强度、硬度随含碳量的增加而相应提高。工程上常用铸钢的化学成分和力学性能见表6-1 和表 6-2。

工程常用铸钢的化学成分（质量分数%）　　　　表 6-1

牌号	主要元素					残余元素					
	C	Si	Mn	P	S	Ni	Cr	Cu	Mo	V	总和
ZG200-400H	≤0.20	≤0.60	≤0.80	≤0.025	≤0.025	≤0.40	≤0.35	≤0.40	≤0.15	≤0.05	≤0.10
ZG200-450H	≤0.20	≤0.60	≤1.20	≤0.025	≤0.025						

续表

牌号	主要元素					残余元素					
	C	Si	Mn	P	S	Ni	Cr	Cu	Mo	V	总和
ZG200-480H	0.17~0.25	≤0.60	0.80~1.20	≤0.025	≤0.025						
ZG200-500H	0.17~0.25	≤0.60	1.00~1.60	≤0.025	≤0.025	≤0.40	≤0.35	≤0.40	≤0.15	≤0.05	≤0.10
ZG200-550H	0.17~0.25	≤0.60	1.00~1.60	≤0.025	≤0.025						

注：1. 实际碳含量比表中碳上限每减少 0.01%，允许实际锰含量超出表中锰上限 0.04%，但总超出量不得大于 0.2%。

2. 残余元素一般不作分析，如需方有要求时，可作做残余元素的分析。

工程常用铸钢的力学性能　　　　　　　　　表 6-2

牌号	拉伸性能			根据合同选择	
	上屈服强度 R_{eH} (MPa)(min)	抗拉强度 R_m (MPa)(min)	断后伸长率 A (%)(min)	断面收缩率 Z (%)≥(min)	冲击吸收功 A_{kvz} (J)(min)
ZG200-400H	200	400	25	40	45
ZG200-450H	230	450	22	35	45
ZG200-480H	270	480	20	35	40
ZG200-500H	300	500	20	21	40
ZG200-550H	340	550	15	21	35

注：当无明显屈服时，测定规定非比例延伸强度 $R_{p0.2}$。

6.2　铸钢的焊接特点

铸钢件一般碳当量较高，相对其他金属材料来说属于淬硬倾向较大的钢种，在拘束应力的作用下，容易发生开裂。铸钢件中的 S（硫）、P（磷）元素相比其他金属材料而言含量较高，铸态组织晶粒粗大，焊接热循环或者铸造时往往形成了许多低熔点共晶体，因此在焊接热影响区会发生再结晶或者熔化直至开裂。铸钢件随着强度级别的升高，产生裂纹的几率会增大。铸钢的焊接裂纹包括低温裂纹（冷裂纹）和高温裂纹（热裂纹）。

6.2.1　焊接冷裂纹

铸钢焊接冷裂纹往往是焊接接头冷却到较低温度下时产生。如图 6-1 所示，冷裂纹主要有两种情况，一种是焊道下裂纹，发生于焊道层下；另一种是焊趾裂纹，发生于焊道上面或趾端。对于淬火倾向较大的材料焊接时，要特别注意这种热影响区裂缝。

产生焊道下裂纹的原因是在材料中碳当量高、焊接热影响区淬硬，以及焊缝金属中封闭多量的氢所致。焊趾裂纹的原因是焊道在冷却凝固时，受到焊道下面有缺陷地方的较大应力作用（有明显缺口效应的地方），且因母材硬化，不易变形导致。

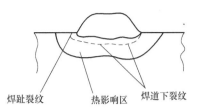

焊趾裂纹　　　热影响区　　焊道下裂纹

图 6-1　焊接冷裂纹示意图

6.2.2　焊接热裂纹

铸钢焊接过程中由于温度的突然变化导致产生较为严重的焊接应力，随着焊接应力的积累会使铸钢本身产生热裂纹。热裂纹一般发生在焊道最后凝固的中心处，呈现紫色的高温氧化色。铸钢焊接热裂纹主要有材质方面和工艺方面两大因素。材质方面，由于一般铸造缺陷不能完全在热处理状态下消除，可能或有部分微观缩松，经焊前探伤也不能发现，焊接受热后，在热应力作用下，这些缺陷组织或微缩松就会显现出来。工艺方面，应注意根据材料特性选择合适的焊接工艺参数（电流电压参数、预热和层间温度等），避免因热应力积聚而产生新的裂纹。

6.2.3　焊接热影响区性能变化

当对铸钢件进行焊接时，焊接过程的快速加热和冷却，会使焊缝的近缝区发生一系列的金相组织变化，如图 6-2 所示。热影响区的组织主要取决于焊接工艺参数变量。过小的线能量会造成淬硬组织并易产生裂纹，过大的线能量则造成晶粒粗大和脆化，降低材料的韧性。铸钢件在焊接较大断面时会产生剧烈的淬火效应，此效应会在紧邻焊缝的金属母材金属热影响区上形成马氏体，会使热影响区的延展性降低。

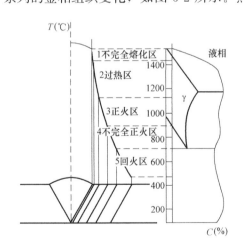

图 6-2　焊接热影响区性能变化图

6.2.4　铸钢件焊接要点

铸钢件的焊接要点是：焊接过程中控制热输入量，尽量减少对母材供货状态的破坏、减少焊接应力以及防止焊接氢致裂纹的产生，焊接时应注意以下三点：

（1）准确控制预热、层间和后热温度，使整条焊缝受热均匀。此措施主要起到防止冷、热裂纹产生作用，同时也可最大程度保证铸钢热处理状态的交货状态。

（2）一旦铸钢件焊接开始，整条焊缝必须连续施焊，直至焊完，中途不得停顿，有效控制层间温度，防止母材反复受热而影响最终性能指标。

（3）焊接工作结束后应当立即进行"紧急后热"，采取保温缓冷措施。因为铸钢件杂质较多、化学成分和氢含量控制比较困难,"紧急后热"可及时消氢,有效防止焊后氢致裂纹的产生。

6.3 铸钢的焊接工艺

6.3.1 铸钢件焊前检验

工程项目铸钢件在正式启动焊接前要对母材本身进行检查。检查与验收要求按现行国家标准《一般工程用铸造碳钢件》(GB/T 11352)规定,检查内容包括外观和内部两个方面。

(1)铸钢件外观质量要求:铸钢件表面不得有砂眼和气孔等铸造缺陷,内部曲面相交处应避免锐角,铸钢件节点与钢构件连接处、销轴孔壁及图纸中注明有特殊要求的部位应通过机械加工,使铸钢件的精度满足外观和连接的要求;其他部位手工打磨,锐角倒钝。表面粗糙度≤40μm。

(2)铸钢件内部质量要求:铸钢件需要逐个经超声波和表面探伤检验合格。要求如下:

① 铸件不允许有影响使用性能的裂纹、冷隔、缩松等缺陷存在。

② 铸钢件的支管管口焊缝以外 150mm 区域范围内,按现行国家标准《铸钢件超声探伤及质量评定方法》(GB 7233)进行超声波检测,质量等级为Ⅱ级。

③ 其他可探测外表面 10%超声波探伤抽查,质量等级为Ⅲ级。

④ 不可超声波探伤部位如相贯处或有疑问处按现行国家标准《铸钢件磁粉检测》(GB 9444)采用磁粉表面探伤确定,质量等级为Ⅲ级。

6.3.2 焊接方法的选择

铸钢件应根据构件材质、尺寸规格、复杂程度、缺陷类型、加工用途等技术要求来选择不同的焊接方法。铸钢件的焊接方法包括手工电弧焊、气体保护焊、钎焊和手工电渣焊,对于结构用铸钢,前两种方法应用最为广泛。主要焊接方法特点比较见表 6-3。

焊接方法优缺点比较 表 6-3

焊接方法	优点	缺点
手工电弧焊	1. 操作方便灵活,焊接设备简单便宜,不受场地和焊接位置限制。 2. 选用的焊条直径和铸件质量、焊补缺陷性质和焊接位置有关,适用于结构复杂或焊接部位狭窄的铸钢件修补焊接	1. 熔敷效率低下,耗时过长,生产率普遍不高。 2. 使用焊条工艺性能较差,对油污、铁锈和水分很敏感,焊前需提前烘干。 3. 必须使用脱硫能力强、药皮碱度高的碱性低氢焊条,焊接电流要小

焊接方法	优点	缺点
气体保护焊 (含实芯和药芯)	1. 焊缝金属熔敷速度是手工电弧的2~3倍,焊接生产率较高。 2. 半自动连续送丝,焊接电流较大,适于铸钢曲线形状部位焊接。 3. 含氢量比低氢焊条低,且热输入梁小,焊缝及热影响区晶粒度较细小,力学性能(抗拉、弯曲及韧性、硬度等)较焊条电弧焊优越	1. 对环境条件要求较高,不适于在户外条件下工作。 2. 在焊接深而窄的坡口时,打底焊道应降低焊接电流,减小熔深,避免裂纹产生。 3. 在沾有油污、灰尘、油漆的铸钢件上焊接比焊条电弧焊更易出现气孔,表面清理比焊条电弧焊要求更高

6.3.3 焊接材料的选择

应结合适用焊接方法,铸钢件的体积、壁厚以及化学成分,焊接接头的力学性能等各方面因素,选择与铸钢件相匹配的焊接材料。以焊条电弧焊焊接铸钢件为例,可根据以下原则进行选择。

(1) 根据铸钢件力学性能及化学成分选择。可选择强度与铸钢件相近的焊条,当铸钢件焊接性较差时,则可选择性能稍差的焊条,但必须保证焊缝的力学性能,以免对铸钢件的强度产生影响。

(2) 根据铸钢件的工作条件和使用性能选择。受承受力和冲击载荷的铸钢件,应选用低氢型、钛钙型、锰型和氧化铁型渣系焊条,以便使焊缝具有足够的强度、塑性和韧性。在腐蚀条件下工作的铸件,应根据工作条件的特点选择适当牌号的不锈钢焊条,同时要考虑铸钢件的工作温度。

(3) 根据铸钢件结构、几何形状和缺陷位置选择。厚壁的大型铸钢件,为防止焊补时产生裂纹,应选用抗裂性较好的锰型渣系或氧化铁渣系焊条。如铸钢件缺陷位置造成焊补时不能选择最佳操作位置,则应使用适合空间焊接的钛型渣系或钛铁渣系焊条。焊补一些难于清理的部位,则应选用氧化性强,对铁锈、氧化皮和油污敏感性低的酸性焊条,避免焊缝产生气孔。

(4) 根据焊接电流的选择。铸钢件的缺陷采用电焊焊补,采用酸性结构钢焊条补焊时,焊接的电流根据焊条的直径的增加而增大。采用碱性低氢型焊条时,焊接电流可为统一规格酸性焊条的90%,并采用短弧焊接。

6.3.4 铸钢件接头及坡口设计要求

1. 铸钢件接头设计原则

为便于实际焊接操作及有效保证铸钢件焊接质量,铸钢件焊接节点设计应遵循下列原则:受拉为主的焊缝连接应采用对接全熔透焊缝;在节点构造上,要求避免铸钢本体直接与构件T形焊透连接,应采用铸钢本体伸出台阶与厚板部件连接,且伸出的台阶壁厚不得急剧变化,其壁厚变化斜率应小于1:5,局部设计应避免尖角或直角。

2. 铸钢件坡口要求

为了控制坡口精度，确保焊接合格率，铸钢件焊接坡口一般采用机加工，以减少人为气割或碳弧气刨引起的坡口不均匀或夹碳现象。一般建议在铸钢件连接一侧开设单边坡口单面对接焊缝，铸钢件本身则很少开坡口或不开坡口，如图 6-3 所示。铸钢件坡口组对前可采用锉刀和砂布将坡口内侧仔细砂磨以去除锈蚀，坡口边缘 50mm 范围锈蚀也须清除。组对时不得在铸钢件一侧进行引弧、点焊夹具和硬性敲打。焊前应经专用器具对同心度、圆率等认真核对，确认无超差后再采用千斤顶调整坡口对接间隙。

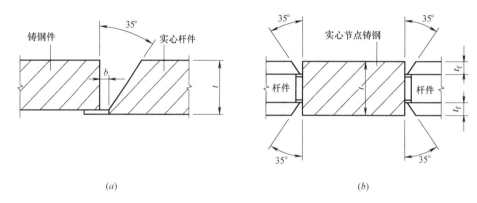

图 6-3　铸钢件坡口示意图

(a) 实心杆件与铸钢件的焊接坡口；(b) 空心杆件与铸钢件的焊接坡口

6.3.5　铸钢件焊接工艺

1. 焊前预热及层间温度控制

（1）铸钢件施焊前应进行焊前预热。当与异种钢进行焊接时，预热温度一般应根据淬硬裂纹倾向较大的一侧母材和焊缝金属合金化程度的大小综合考虑，并经焊接工艺评定来确定。

（2）预热温度范围以 125～200℃为宜，预热范围距离焊缝中心 75mm。

（3）预热可采用电加热器或烘枪火焰加热方式，预热时必须缓慢并且均匀，避免出现裂纹和变形。

（4）焊缝在清根后焊接前仍需按照焊接工艺评定要求重新进行预热。

（5）层间温度宜控制在 230℃以下，其控制方法为：待上一层焊道焊接完成后，采用红外线测温仪在测温点标记测量。当层间温度过高时，要等焊道冷却到规定温度时在进行下一层焊道焊接。

2. 焊接过程控制

（1）铸钢件焊接时应避免在焊道以外的母材上引弧、熄弧，防止损伤母材。加设的引、熄弧板材质原则上与母材相同，剖口形式与待焊焊缝一致。

（2）焊接时，每道焊层必须用钢丝刷清理干净，并采用小电流多层多道焊。打底焊接宜采用对称分段焊，一般宜分为数段，每段以 300mm 计，目的是为减少因焊接应力引起微量位移，然后分段连接。填充层焊接时焊接电流可适当增加。填充层采用多层多道焊，每道焊缝焊接实施之前须清除前一道焊缝的焊渣以及焊道内的飞溅和杂物，层与层之间的接头处应错开 300~400mm。

（4）焊接过程中如发现有夹渣、夹碳和气孔等缺陷应及时打磨处理。填充层最后在接近面层时，要均匀留出 1.5~2mm 的深度，注意不得伤及坡口边缘。盖面层焊接直接关系到焊接接头的外观质量，因此在面层焊接时，注意选择较小电流并在坡口边熔合时间保持稍长。

3. 焊接后热处理

焊接结束后，利用烘枪对焊缝表面及附近区域进行后热处理，后热温度控制在 200℃ 为宜，之后可采用 50mm 厚保温棉对焊缝后热处理部分进行包裹，然后缓冷至室温。

6.3.6　铸钢件焊接修补

1. 修补限制

为保证铸钢件的质量，对焊接修补需要做出必要的限制。以低合金钢铸钢件为例，以下情况铸钢件应当禁止修补：

（1）经过表面退火，表面上仍有缺陷的铸钢件。

（2）缺陷深度超过壁厚二分之一的铸钢件。

（3）同一部位反复出现缺陷的铸钢件。

（4）在要求强度上特别关键性部位的缺陷。

2. 铸钢件焊接修补

铸钢件焊接修补首先应从铸钢件的材质出发，根据材质选用合适的焊材。另一方面，为保证铸钢件的性能，还需安排焊前预热和焊后处理等工艺措施。铸钢件的焊接修补工作内容包括缺陷确定、缺陷消除、焊接修补操作和焊后热处理等部分。

（1）缺陷确定。包括定性和定位两个方面。利用无损检测技术确定缺陷位置和深度以及缺陷性质，当缺陷判定为裂纹时，应在裂纹两端钻止裂孔并将裂纹及其两端各 50mm 范围的焊缝和母材清除干净。

（2）缺陷消除。缺陷消除可采用碳弧气刨、砂轮机打磨、机械加工等方法。其中机械加工比较费时，很少使用。一般常用的方法是先利用碳弧气刨消除较大的缺陷后，再用砂轮机扫清表面。通常判断铸钢缺陷是否全部清除的方法有肉眼观察、着色渗透检测和磁粉探伤等方法。具体清除缺陷时应将刨槽加工成四侧边斜面角大于 10° 的坡口，并修整表面、磨出气刨渗碳层，必要时应用渗透探伤或磁粉探伤方法确定缺陷是否彻底清除。

（3）铸钢件的焊接修补。应在坡口内引弧，熄弧时应填满弧坑；多层焊的焊层之间接头应相互错开，焊缝长度不应小于 100mm。当焊缝长度超过 500mm 时，应采用分段退焊方法。返修部位应连续焊成，不应出现中断焊接情况，因特殊情况需中断焊接时应采用后热保温措施，再次焊接前宜用磁粉或渗透探伤方法检查，确认无裂纹后方可继续焊接修补。焊接修补的预热温度应比相同条件下正常焊接的预热温度高，并应根据工程实际情况确定是否进行焊后消氢处理。

（4）铸钢焊后热处理。根据铸钢材料及不同的特性要求具有不同的要求。有些焊后热处理应在焊后立即进行，比如容易产生裂纹的低合金铸钢材料，有些焊后热处理可在冷却之后完成消除应力退火。不同钢种的后热温度可参见表 6-4 所示。部分铸钢甚至还涉及淬火、回火或正火等要求，需按规定进行热处理。

各类铸钢件焊后热处理要求　　　　　　　　　　　　　　　　　表 6-4

材料种类		温度（℃）	保温时间（h/25mm）
碳素钢	C≤0.35% 且板厚 t≤19mm	一般不需消除应力*	—
	C≤0.35% 且板厚 t>19mm	590~680	1
	C>0.35% 且板厚 t≤12mm	一般不需消除应力*	—
	C>0.35% 且板厚 t>12mm	590~680	1
碳钼钢	C<0.25%	590~680	2
	0.20<C<0.35%	620~760	2~3
铬钼钢	Cr≤2% Mo≤0.5%	720~750	2
	Cr≤2.25% Mo≤1%	730~760	3
	Cr≤5%	730~760	3
	Cr≤9%	745~775	3

* 如果有必要防止尺寸偏差时，仍需进行消除应力退火。

（5）铸钢件同一部位补焊次数不宜多于一次，否则会使铸钢晶粒粗大，影响铸钢件的机械性能。铸钢件补焊层不宜太低，否则机加工后易露出焊疤；补焊层过高，费时又费力，一般以高出铸钢件表面 2mm 为宜。

6.4　铸钢件焊接工程实例

铸钢件因可适应复杂多样的建筑造型需求，在一些大跨度空间钢结构特别是处理复杂多杆交汇节点上有着得天独厚的应用优势。如上海世博会博物馆"欢庆之云"、上海科技大学物质科学与技术学院等众多工程项目，均大量的使用了铸钢件以满足建筑结构造型和实现复杂节点受力的要求。

6.4.1　世博会博物馆工程铸钢件焊接

上海世博会博物馆工程位于上海市中心卢浦大桥以东、黄浦江北侧，项目地上 8 层，地下 1 层。其中公共展示区域"欢庆之云"为钢网架结构，位于中心庭院中部，长约 90m，宽约 70m，高度约 34m，投影面积达 3000m²，整体呈现云结构效果。"欢庆之云"由三个自下而上的筒状结构连接而成，云平台结构杆件呈折线形，钢结构总量约 1200t，"欢庆之云"三维模型如图 6-4 所示。本项目采用铸钢件节点约 250 个，分布于底部、常规脊柱中部、24m 腹部平台、外伸网格和顶部屋盖等区域，具体数量分布及典型节点形式详见表 6-5 和图 6-5 所示。

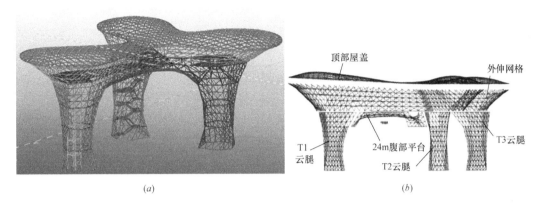

(a)　　　　　　　　　　(b)

图 6-4 "欢庆之云"三维模型及各区域

"欢庆之云"铸钢件分布区域 表 6-5

部位	铸钢件数量	部位	铸钢件数量
底部区域	42	外伸网格	137
中部连接体	21	顶部屋盖	15
＋24m 腹部平台	31	合计	246

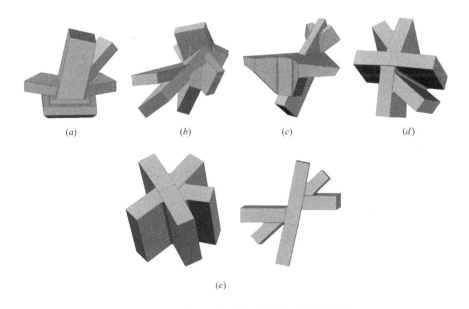

(a)　　(b)　　(c)　　(d)

(e)

图 6-5 "欢庆之云"各部位铸钢件节点形式

(a) 底部区域；(b) 中部区域；(c) ＋24m 腹部平台区域；(d) 外伸网格区域；(e) 顶部屋盖区域

本中心铸钢节点采用实心变扭箱形结构形式，材质选用 G20Mn5QT，交货状态为调质 QT（淬火＋回火），符合 DIN EN10293 规范，与 Q345B 箱形杆件实现对接焊接，采用 ER50-G ϕ1.2 焊丝 CO_2 气体保护焊，焊接位置为全位置，具体坡口形式如图 6-6 所示。两种母材及焊材化学成分及力学性能比较及典型的焊接工艺参数见表 6-6、表 6-7。

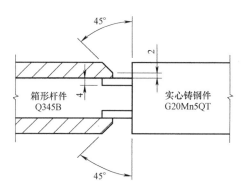

图 6-6 "欢庆之云"铸钢件节点及坡口形式

牌号	化学成分						力学性能			
	C (%)	Mn (%)	Si (%)	S (%)	P (%)	Ni (%)	σ_s (MPa)	σ_b (MPa)	δ_s (%)	A_{kv}
G20Mn5QT	0.18	1.25	0.33	0.012	0.016	0.6	372	562	32	88J(室温)
Q345B	0.17	1.41	0.26	0.010	0.028	0.026	354	532	26	199J(室温)
ER50-G	0.14	1.50	0.85	0.010	0.013	0.03	500	590	29	78(-40℃)

"欢庆之云"铸钢件与母材焊材性能对比　　　　表 6-6

"欢庆之云"铸钢件典型焊接工艺参数　　　　表 6-7

焊接方法	焊丝直径	焊接电流(A)	焊接电压(V)	焊接速度 (cm/min)	焊接位置
GMAW	Φ1.2	140~200	15~30	10~15	平、横、立、仰

铸钢件焊接前经超声波探伤检验，确保符合现行国家标准《铸钢件超声波探伤及质量评级标准》（GB 7223）中二级的有关规定，达到无裂纹等缺陷，检验合格后方可进行装配焊接，同时将焊接区域及其周围 50mm 范围内的氧化皮、铁锈、油污清理干净。采用电热毯或火焰加热方式预热，预热温度不低于 120℃，焊接过程中随时监测焊接区域温度，确保层间温度不低于 230℃。总体焊接顺序是先立焊后平焊，先中间后两边，焊接过程中采用短弧小摆动操作方式，进行多层多道焊时，相邻焊道接头应错开 25mm 以上，每焊完一道焊缝，将焊渣、飞溅清理干净，焊后及时采用锤击方法对焊缝消除应力处理。焊接结束后立即用保温棉覆盖焊缝表面，减缓冷却速度。现场施工照片如图 6-7 所示。

6.4.2 上海科技大学物质科学与技术学院工程铸钢件焊接

上海科技大学物质科学与技术学院 C2 教室入口采用铸钢件造型结构，钢结构造

(a)　　　　　　　　　　　　　　　(b)

图 6-7　"欢庆之云"铸钢件现场施工

型高度约33m，呈7层倾斜向上锥形结构，大量的圆管相贯采用铸钢节点，整个结构共采用42个铸钢节点。图6-8所示为项目建筑效果图和三维模型，图6-9展示了具体铸钢件相贯节点形式。

图 6-8　上海科技大学物质科学与技术学院建筑效果图

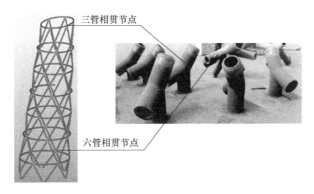

图 6-9　铸钢件三维模型和实际节点形式

该项目为空心圆管铸钢件，材质选用 G20Mn5QT，规格为 $\phi300\times40$，交货状态为调质 QT（淬火+回火），符合 DIN EN10293 规范，与 Q345C 无缝钢管 $\phi300\times20$ 实现对接焊接，采用 GFL71Ni $\phi1.2$ 药芯焊丝气体保护焊，焊接位置为全位置，具体坡口形式件如图 6-10 所示。两种母材及焊材化学成分及力学性能比较及典型的焊接工艺参数见表 6-8、表 6-9。

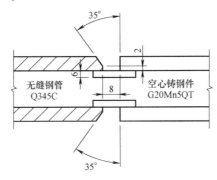

图 6-10　铸钢件与无缝钢管坡口对接形式

铸钢件与母材焊材性能对比　　　　　　　　　　表 6-8

牌号	化学成分						力学性能			
	C (%)	Mn (%)	Si (%)	S (%)	P (%)	Ni (%)	σ_s (MPa)	σ_b (MPa)	δ_s (%)	A_{kv}
G20Mn5QT	0.18	1.25	0.33	0.012	0.016	0.6	372	562	32	88J(室温)
Q345C	0.16	1.39	0.45	0.006	0.016	—	370	560	26	107J(0℃)
GFL71Ni	0.03	1.48	0.36	0.002	0.009	0.46	501	565	29	142(−40℃)

铸钢件焊接工艺参数　　　　　　　　　　表 6-9

焊接层道	焊接方法	焊丝直径	焊接电流 (A)	焊接电压 (V)	焊接速度 (cm/min)	焊接位置
打底层	FCAW	$\phi1.2$	190	25	12	6G 全位置
填充层	FCAW	$\phi1.2$	200	27	16	6G 全位置
盖面层	FCAW	$\phi1.2$	180	25	16	6G 全位置

由于此铸钢件焊接节点数量多、要求全位置（平、横、立、仰）焊接且整体焊接变形角度控制难度大，因此考虑铸钢件与 Q345C 钢施焊前严格完成全位置焊接工艺评定，待评定结果合格后再按设计规范和焊接工艺评定结果要求进行焊前 120℃ 预热，采用烘枪进行火焰预热，焊接过程层间温度始终不能超过 230℃，焊接结束后采用烘枪对焊缝进行了后热处理。

为控制铸钢件整体倾斜效果，铸钢件在组对过程中采用搭设胎架和整体放样等关键技术，焊接过程变形造成的位置变化采用全站仪进行检测，以确保最终焊接质量和构件焊接成型效果。铸钢件工程组对、焊接及实时检测过程如图 6-11、图 6-12 所示。

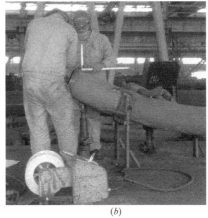

(a)　　　　　　　　　　　　　　　(b)

(c)

图 6-11　铸钢件组对过程

图 6-12　铸钢件焊接过程变形实时观测

第 7 章
超厚板焊接技术

随着越来越多超高层、大跨度空间结构、大跨度桥梁等大型建（构）筑物的不断出现，超过 30mm 厚的钢板被广泛采用，有些场合甚至采用厚 100mm 以上的超厚板。如国家体育场（鸟巢）工程用钢板厚最大达 110mm（Q460E-Z35），上海中心大厦工程桁架节点板厚达 120mm（Q390C-Z35）。

在材料上，建筑钢结构厚板材质基本为低合金高强度钢，通常是在热轧及正火（或正火加回火）状态下焊接和使用，屈服强度（σ_s）为 295～460MPa，其中尤以 Q345 最普遍，近年来则 Q390、Q420 也逐渐开始应用，甚至达到 Q460 级别。在超高层钢结构中，Q390、Q420 已逐步替代 Q345 成为首选钢种，应用越来越广。在最新国家标准《建筑结构用钢板》（GBT 19879—2015）中，Q345GJ 厚度已经覆盖至 200mm，Q390GJ、Q420GJ、Q460GJ 则覆盖至 150mm，由此可以看出，在今后重要钢结构工程中，高强度、超大厚度钢板应用比例会逐渐上升。

超厚钢板的大量使用，一方面对钢材的冶金工艺提出更高要求，既要确保材料的性能指标，又要具有良好的焊接性，同时对焊接施工来说面临着更大的挑战，需要采取相应的焊接工艺来保证焊接质量。随着钢板厚度的增加，热量的传递加快，要采取措施避免焊接区域冷却速度过快；同时要降低接头中的氢焊量，以防止冷裂纹的产生。另一方面，板厚增加，焊缝熔敷金属增加，焊接变形也随之加大。而通常结合节点拘束、受力状态、焊接环境等情况，超厚钢板焊接工艺要求非常高，需慎重对待。

7.1 超厚板的焊接特点

这里所说的超厚板一般指低合金超厚板，因此其焊接具有低合金高强度钢的热影响区淬硬倾向性、氢致裂纹敏感等特点。超厚板由于板厚较厚，这种淬硬性和冷裂倾向也随之增大。同时随着板厚增加，焊缝熔敷金属增加，焊接变形和应力控制难度大。

7.1.1 焊接冷裂纹

焊接冷裂纹是超厚板焊接时最容易产生，而且是危害最为严重的焊接缺陷，是焊接结构失效破坏的主要原因。随着板厚增加，最直接的影响是对焊接的冷却速度，尤其当焊接环境温度低时，不同的焊接冷却速度将形成热影响区不同的组织组成，从而影响接头性能。因此对于厚板接头，需要采取控制焊接热输入、降低含氢量、预热和及时后热等措施，以防止冷裂纹的产生。

7.1.2　焊接热裂纹

在厚板焊接时，工艺上常采用多层多道焊。在多层多道埋弧焊焊缝的根部焊道或靠近边缘的高稀释率焊道中易出现焊缝金属热裂纹。主要是由于多层焊时，热输入增大，焊层变厚，焊缝应力增加，裂纹倾向增大。减少焊接热输入、减小母材在焊缝中的融合比等措施有利于防止焊缝金属的热裂纹。

7.1.3　层状撕裂

层状撕裂存在于轧制的厚钢板角接接头、T 形接头和十字接头中，由于多层焊角焊缝产生的过大的 Z 向应力，在焊接热影响区及其附近的母材内引起沿轧制方向发展的具有阶梯状的裂纹。在建筑钢结构中，大量要求焊透的角接接头和 T 形接头形式较多，这些都不利于层状撕裂的控制。针对板厚超过 40mm 的厚板，要求采用抗层状撕裂的 Z 向钢，并且通过改善接头设计、改进焊接工艺来防止层状撕裂。

7.2　超厚板的焊接工艺

7.2.1　焊接方法

超厚板焊接，由于对氢致裂纹相对敏感，无论选用何种焊接方法，都应采取低氢的焊接工艺。由于 CO_2 气体保护焊 CO_2 气体达到规范要求，所得熔敷金属的含氢量极低，具有较好的抗氢裂性，因此厚板焊接时推荐采用 CO_2 气体保护焊。

厚度大于 100mm 的长焊缝，可采用单丝或双丝（多丝）窄间隙埋弧焊。当采用电渣焊、气电立焊、多丝埋弧焊时，在使用前应对焊缝金属和热影响区的韧性进行评定，以保证焊接接头的性能。

7.2.2　焊接材料

焊材的选用一般考虑以焊缝金属的强度和韧性与母材金属相匹配为原则。焊接不同类别的钢材时，焊接材料的选用以强度级别较低母材为依据。

对于厚板、拘束度大的结构，应选用低氢或超低氢焊接材料，以提高抗裂性能。第一层打底焊缝最容易产生裂纹，可选用超低氢焊接材料。

焊接材料应储存在干燥、通风良好场所，并由专人保管，做好领取记录。

低氢型焊条使用前应在 300～430℃ 范围内烘焙 1～2h，烘干后的焊条应放置于保温箱中存放，随用随取。焊条烘干后在大气中放置时间不应超过 4h，重新烘干次数不应超过 1 次。焊剂使用前应按厂家推荐的温度进行烘焙，烘干后在大气中放置时间不应超过 4h。

常用结构钢材焊条电弧焊、CO_2 气体保护焊、埋弧焊焊材选配可参见本书第 2 章有关章节内容。

7.2.3　焊前准备

（1）选用合理的接头坡口形式。尽量采用对称的 U 形或 X 形剖口，如只能单面焊接，应在保证焊透的情况下采用窄间隙、小坡口，以降低熔敷金属量，减少焊接收缩，从而减小焊接变形及残余应力。

（2）检查坡口装配质量。应去除坡口区域的氧化皮、水分、油污等影响焊缝质量的杂质。如坡口用氧—乙炔火焰切割过，应用砂轮机进行打磨至露出金属光泽。

（3）接头装配坡口尺寸应符合相应规范要求，由于现场安装时影响接头安装精度因素较多，难以避免尺寸偏差超差现象发生。一方面要优化施工方案，选择合理的施工顺序，跟踪测量，消除累积误差；同时提高构件制作、现场安装质量，为后道焊接工序创造良好的条件。坡口间隙当不超过 20mm 时，可采取先在坡口单侧或两侧堆焊的方法。若超过 20mm，需编制专项焊接施工方案，必要时进行大间隙焊接工艺评定试验。接头错边一般控制在 $\Delta < 0.1t$（较薄板厚）且 $\leqslant 2.0$mm，当超过 2.0mm 但小于 $0.1t$ 时，可通过一侧补焊使接头顺滑过渡。

7.2.4　预热和道间温度

（1）预热温度的确定与钢材材质、板厚、接头形式、环境温度、焊接材料的含氢量以及接头拘束度都有关系。特别对于强度级别高、接头拘束大、厚钢板的焊接，预热温度的必须严格控制。常用结构钢材最低预热温度可按表 7-1 采用。

常用钢材最低预热温度要求　　　　　　　　　　　　　表 7-1

钢材牌号	接头最厚部件的板厚(mm)		
	$40 < t \leqslant 60$	$60 < t \leqslant 80$	$T > 80$
Q235	40℃	50℃	80℃
Q345	60℃	80℃	100℃
Q420	80℃	100℃	120℃
Q460	100℃	120℃	150℃

（2）预热方法主要采用远红外电加热器和氧—乙炔火焰加热器加热，预热范围为坡口及坡口两侧不小于板厚的 1.5 倍宽度，且不小于 100mm。测温点宜在加热侧的背面，距焊接点各方向上不小于焊件的最大厚度值，但不得小于 75mm 处。对于重要结构及处于冬季或潮湿环境下的焊接工作，建议采用电加热法。由于电加热耗电大，如需大量使用，应事先考虑施工现场用电布置。

（3）在焊接过程中必须保持这一预热温度和所有随后的最低道间温度，最低道间温度必须与预热温度相等。预热温度和道间温度必须在每一焊道即将引弧施焊前加以核对。每条焊缝一经施焊原则上要连续操作一次完成。间歇后的焊缝重新施焊前应重新预热，并且提高预热温度，开始焊接后中途不宜停止。在严重的外部收缩拘束条件下施焊时，焊接一旦开始，严禁接头冷却到规定的最低预热温度以下，直至接头完成或已熔敷了足够焊缝而确保无裂纹为止。

7.2.5 后热及焊后热处理

焊接后热是指焊接结束后，将焊接区立即加热到 $100\sim200℃$ 范围内，保温一段时间。后热还有一种消氢处理，加热温度更高，通常在 $250\sim350℃$ 范围，并保温一段时间。保温时间应根据焊件板厚按每 25mm 板厚不小于 0.5h、且总保温时间不得小于 1h 确定。两种方式目的都是加速焊接接头中氢的扩散逸出，防止焊接冷裂纹的有效措施，消氢处理比一般后热效果更好。对于焊接接头拘束度大、且板厚超厚的接头焊接，建议采取消氢处理。厚度超过 100mm 的接头，可增加中间消氢处理，以防止因厚板多道多层焊氢的聚集引起的氢致裂纹。

7.2.6 抗层状撕裂措施

层状撕裂存在于轧制的厚钢板角接接头、T 字接头和十字接头中，由于多层焊角焊缝产生过大的 Z 向应力，在焊缝热影响区及其附近的母材内引起沿轧制方向发展的具有阶梯状的裂纹。促使产生层状撕裂的条件，一是存在脆弱的轧制层状组织（非金属夹杂物）；二是板厚方向（Z 向）承受拉伸应力。

层状撕裂属于冷裂范畴，在焊接过程中即可形成，也可在焊接结束后启裂和扩展，甚至还可延迟至使用期间才产生，具有延迟破坏性质。其一般是产生于接头内部的微小裂纹，无损探伤比较难于检查发现，也难于排查或修补，易造成灾难性事故，造成巨大经济损失。防治措施如下：

1. 优选 Z 向性能钢

Z 向性能钢有效控制钢材中的含硫量，提高其 Z 向拉伸时的延性，具有良好的抗层状撕裂性能。

2. 改善接头设计

改善接头设计的目的是减小拘束度和拘束应变，具体措施有：

（1）将贯通板端部延伸一定长度，如图 7-1 所示，具有防止启裂的效果。

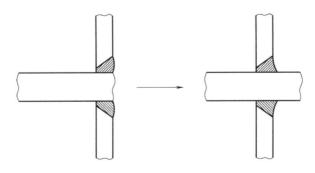

图 7-1　贯通板端延伸

（2）改变焊缝布置以改变焊缝收缩应力方向，如图 7-2 所示，将垂直贯通板改为水平贯通板，变更焊缝位置，使接头总的受力方向与轧制层平行，大大改善抗层状撕

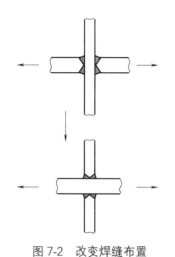

图 7-2 改变焊缝布置

裂性能。

（3）改变坡口位置以改变应变方向，如图 7-3 所示。

（4）减小焊角尺寸，以减少焊缝金属熔敷量，可减小焊缝的收缩应变。

3. 改进焊接工艺

（1）选用低氢的焊接方法，如采用 CO_2 气体保护焊。

（2）采用低匹配的焊接材料，易使应变集中于焊缝而减轻母材热影响区的应变。

（3）对称施焊，使应变分布均衡，减少应变集中。

（4）采用适当小的热输入，以减小热作用，从而减小收缩应变，但须防止产生冷裂纹。

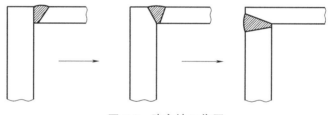

图 7-3 改变坡口位置

7.2.7 焊接应力控制

建筑钢结构对焊接应力是否消除处理一般没有明确的要求，在设计文件对焊后有消应力要求时，可采用热时效、振动时效及锤击法等消应力措施。

焊接应力主要还是要从工艺上进行控制，焊接接头的设计要能尽量减少焊缝熔敷量，并且有利于两面对称焊接。在满足设计强度要求下，选用局部熔透焊缝。在焊接工艺上，采取合适的焊接顺序和预热、后热措施来减小焊接应力。

为了控制厚板焊缝中的收缩应力，可对中间焊层进行锤击，以防止开裂或变形，或同时防止两者发生。但严禁对焊缝根部、表面焊层或焊缝边的母材进行锤击。锤击应小心进行，以防止焊缝金属或母材皱叠或开裂。锤击工具选用圆头手锤或带有 $\phi 8mm$ 球形头的风铲。

7.3 典型厚板钢结构件应用焊接技术

工程项目中由厚板组成的构件截面形式主要以 H 形截面、十字形截面、箱形截面为主。这些构件装配精度要求高，熔透焊接工作量大，焊接变形较大，焊后变形矫正困难。因此对此类构件的焊接应制定专项方案。

7.3.1 H 形构件焊接技术

H 形构件是由上、下翼板和中间的腹板经过工字形组立装配焊接完成，其焊接前组对装配方式有两种：直立组对法（组立机）和平铺组对法。因组对装配方式不同，最终 H 形构件焊接方法也不相同。

（1）当 H 形构件截面尺寸小、生产批量大时，装配方式选择直立式组对法，优先使用组立机设备。如图 7-4 所示，首先将下翼板水平放置在辊道上，再将腹板竖直沿下翼缘板中心线放置在下翼板上，通过腹板夹紧轮实现腹板的定位对中和支撑，完成下翼板和腹板点焊。继续对上翼板位置进行调整，通过上部压紧轮压紧上翼板后，将上翼板与腹板进行点焊，最终实现对焊接 H 形构件的组对装配。

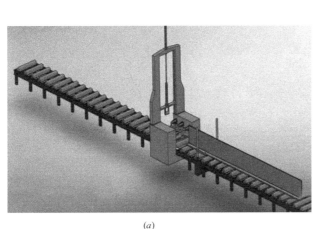

（a）　　　　　　　　　　　　　　　（b）

图 7-4　直立组对法（组立机）

（2）大截面 H 形构件批量生产时宜采用平铺组对法，如图 7-5 所示。其原理是预先制作组对用工装胎架，先将腹板平放在工装支架中间平台上，利用行车将上、下翼板分别吊运至工装胎架两侧，将翼板与预先已放的线对齐，点焊固定，完成焊接 H 形钢构件的组对装配。

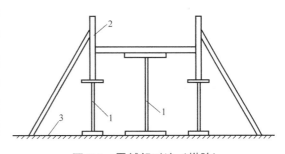

图 7-5　平铺组对法（搭胎）
1—工装胎架；2—焊接 H 形构件；3—钢平台

（3）厚板 H 形。截面构件焊接量大，应根据焊接要求选择对应的焊接方法。H 形截面构件要求为角焊缝时，最理想的焊接方法为船形焊，其次为横角焊。对于船形焊（如图 7-6 所示），应设置船形斜向支撑胎架平台，采用对称施焊的方式焊接，焊接顺序是先按①-②-③-④的顺序进行焊缝打底焊,然后焊接焊缝①,翻身焊接焊缝②,二次翻身焊接焊缝③,最后翻身焊接焊缝④,以减少焊接变形。当 H 形截面构件不便于采用船形焊时,也可采用埋弧焊小车横角焊,如图 7-7 所示,但焊丝的位置对角焊缝成形和尺寸有很大影响,一般偏角(α)在 30°~40°之间,每一道横角焊缝焊脚尺寸不应超过 8mm,否则熔敷金属会溢出或产生咬边现象。

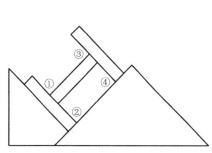

图 7-6 厚板 H 形构件船形焊

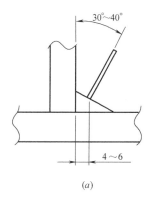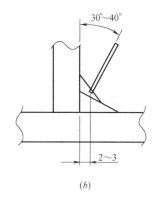

(a) (b)

图 7-7 埋弧焊角焊缝横焊工艺

(a) 第一道;(b) 第二道

(4) H 形截面构件要求为坡口焊缝时,宜将 H 形截面构件平放,打底填充采用 CO_2 气体保护焊,盖面采用埋弧自动焊。如图 7-8 所示,H 形截面纵缝为均通长布置,H 形截面构件有起拱要求(例如钢梁)时,可按照先焊内侧纵缝后焊外侧纵缝的顺序;H 形截面构件有旁弯或直线度要求(例如钢柱)时,则应采用两侧同方向同焊接参数分段退焊方式,对于厚板坡口较深的焊缝,焊接过程中还应增加翻身次数并随时检查变形情况。

7.3.2 十字柱焊接技术

十字柱可视为两根 H 形截面构件的组合,其焊接技术要求可参照 H 形截面构件。十字柱的常规组装顺序是:先组焊成两根 H 形钢,其中一根切割成两根 T 形钢,然后再以未切割的 BH 型钢腹板中心线为基准装配 T 形钢,最终完成十字柱的组装,如图 7-9 所示。常规十字柱本体共有 6 条纵缝,其中 1~4 号焊缝利用埋弧自动焊接

图 7-8　H 形截面构件平放焊接

完成，而 5～6 号焊缝受十字柱截面尺寸和埋弧焊接机头尺寸、位置限制一般只能采用 CO_2 气体保护焊，如图 7-10 所示。

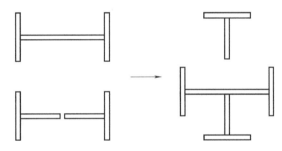

图 7-9　十字柱组装焊接顺序

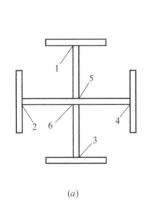

(a)　　　　　　　　　　　　　(b)

图 7-10　十字柱本体纵缝焊接及实例

　　目前十字柱焊接技术已经朝着自动焊接技术方向发展。以小车式埋弧自动焊为例，如图 7-11 所示，其基本原理是：将小车导轨设于小车平台上，利用埋弧焊控制箱控制埋弧焊小车在小车导轨上行走，并借助埋弧焊送丝机构将焊丝盘的焊丝经过埋弧焊导电杆，送至焊接平台上的十字柱待焊部位，埋弧焊导电杆的长度根据十字柱的规

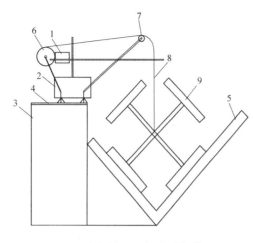

图 7-11 十字柱埋弧焊自动焊接原理

1—埋弧焊控制箱；2—埋弧焊小车；3—小车平台；

4—小车导轨；5—十字柱焊接平台；6—焊丝盘；

7—埋弧焊送丝机构；8—埋弧焊导电杆；9—十字柱

格不同而相应变化。基于此原理，可利用十字柱埋弧自动焊接技术实现 1～6 号所有焊缝埋弧自动焊，其中 1～4 号焊缝在 BH 型钢组装阶段完成，5～6 号焊缝在十字柱组装阶段完成，整体相比常规十字柱本体纵缝焊缝方式效率提升明显。

十字柱应用埋弧自动焊接时，应根据十字截面和内部空间尺寸，选取不同的自动化焊接设备。当十字截面尺寸较小，宜采用龙门式埋弧焊机在船形位置进行焊接（图 7-12），当焊枪深入不足时可补充调节导电杆长度；当十字截面较大且足够容纳小车行走，此时借助埋弧自动焊小车内置轨道进行焊接（图7-13）。当十字截面较大且无小车施焊空间时，可以采用龙门式埋弧焊机在船形位置进行焊接（图 7-14）。值得注意的是，此时要预先搭设较大型的船型胎架，并将焊接导电杆加长，以适应不同截面尺寸的十字柱要求。

图 7-12 小型十字柱龙门式埋弧焊接

图 7-13 大型十字柱内置小车埋弧焊接

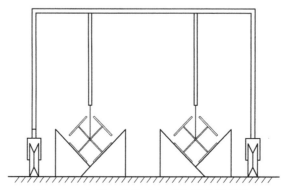

图 7-14 大型十字柱龙门式埋弧焊接胎架

十字柱采用埋弧自动焊接技术，其焊接缺陷容易发生在焊缝跟部，因此根部应尽可能采用大线能量焊接，保证熔合良好，防止冷裂。中间焊层焊接时，靠近母材两侧采用较小焊接规范施焊，中间焊道为提高效率，应适当提高规范，焊接过程中需要严格控制层间温度且焊接应该连续进行，以保证稳定的热输入。同时需注意，焊接过程中要及时做好焊剂层保护和焊渣清理，以保证焊接过程的稳定性。

7.3.3　厚板箱形结构焊接技术

厚板箱形结构是由上、下翼板和中间的两块腹板经过箱形组立装配焊接完成，其常规组装顺序是：首先将下翼板置于平台上，在下翼板上画出中间两块腹板、内部隔板和上翼板的装配基准线，然后下翼板和两块腹板完成 U 形组立，并将内部隔板装配焊接到 U 形结构中，最后顶紧装配上翼板。

厚板箱形结构的主要焊缝为翼板和腹板相互夹持形成的 4 条角接纵向坡口焊缝，焊接时应做到同方向同焊接参数两边对称焊（图 7-15）。首先采用 CO_2 气体保护焊打底填充，由于节点处全熔透焊缝坡口与部分熔透坡口不一致（图 7-16），应对全熔透

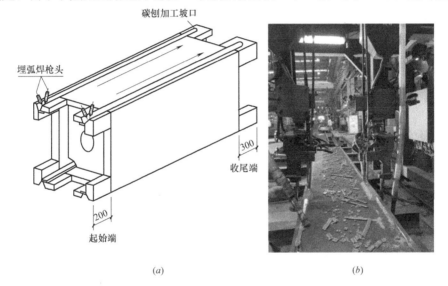

(a)　　　　　　　　　　　　　　　　(b)

图 7-15　厚板箱形结构主焊道及焊接实例

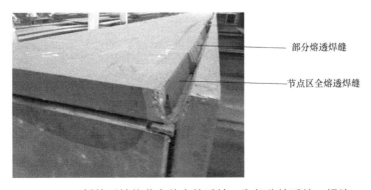

图 7-16　厚板箱形结构节点处全熔透坡口和部分熔透坡口焊缝

焊缝打底焊接与部分熔透坡口一致后再进行埋弧焊填充焊接,为厚板箱形构件盖面焊创造条件。

厚板箱形结构主焊缝主要采用 CO_2 气体保护焊和埋弧自动焊,由于厚板熔深大,相对焊接熔敷量也大。在保证焊接质量的前提下,进行合理的角接小坡口工艺优化改进,具有一定现实参考意义。

采用厚板箱形角接小坡口焊接技术后坡口角度变小,焊枪深入比较困难,为此可从两方面得到解决:其一,通过改进接头设计,制定合理的接头坡口形式,即在保证焊透的情况下采取窄间隙、小坡口、对称的坡口形式,以降低焊接熔敷量,减小焊接 Z 向应力,如图 7-17 所示。其二,通过市场调研反馈应用 $\phi16mm$ 口径定制锥形套筒如图 7-18 所示,该套筒气体保护效果良好,能保能够深入小坡口根部。

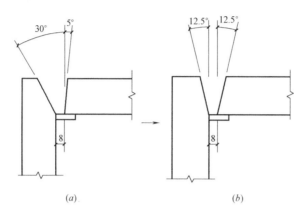

图 7-17 改进的角接小坡口形式

(*a*) 不对称坡口形式;(*b*) 对称坡口形式

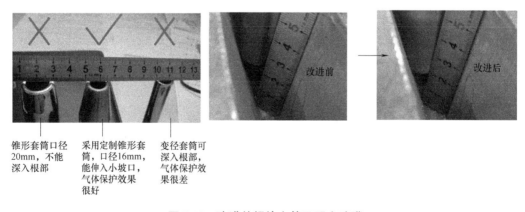

锥形套筒口径 20mm,不能深入根部   采用定制锥形套筒,口径16mm,能伸入小坡口,气体保护效果很好   变径套筒可深入根部,气体保护效果很差

图 7-18 改进的焊枪套筒及配套喷嘴

采用厚板箱形角接小坡口焊接技术后,坡口精度要求相应提高,为此可对切割设备进行改造,采用添加导向轮、舍弃采用辅助轨道方式,避免了轨道导向切割时出现钢板变形及轨道平整度、直线度偏差问题,如图 7-19 所示。

根据现行国家标准《钢结构焊接规范》(GB 50661—2001)要求,采用厚板箱形小坡口焊接技术属于重要焊接要素改变,要求重新进行焊接工艺评定。为此,通过完

图 7-19　切割设备轨道改进

成 8 项具有代表性焊接工艺评定试验（表 7-2），最终获得了合理的小坡口焊接工艺参数，并形成小坡口焊接工艺规程（WPS）以指导焊接生产。焊接工艺评定试验结果显示，角接小坡口改进工艺评定平均拉伸强度为 564.4MPa，比规范规定最低值高出15%，所有试件均拉断于母材；焊缝区冲击试验平均冲击值为 137.4J，接近规范规定最小值的 4 倍；而热影响区晶粒粗大脆而硬，在此区域取样得到的冲击试验值均在150 J 以上，如图 7-20～图 7-22 所示，远高于焊接规范规定的最低值。因此证明角接小坡口改进工艺完全具有可操作性和可行性，目前角接小坡口改进工艺得到了全面推广应用，反映效果良好。

角接小坡口改进工艺评定试验　　　　　　　　　　表 7-2

工艺评定编号	母材	板厚(mm)	焊接方法	接头类型	焊接位置
1	Q345GJC	22	GMAW 打底＋SAW 填充盖面	角接	横
2	Q345GJC	60	GMAW 打底＋SAW 填充盖面	角接	横
3	Q345GJC	22	GMAW 打底＋SAW 填充盖面	角接	平
4	Q345GJC	60	GMAW 打底＋SAW 填充盖面	角接	平
5	Q345GJC	25	GMAW 打底＋SAW 填充盖面	角接	横
6	Q345GJC	70	GMAW 打底＋SAW 填充盖面	角接	横
7	Q345GJC	25	GMAW 打底＋SAW 填充盖面	角接	平
8	Q345GJC	70	GMAW 打底＋SAW 填充盖面	角接	平

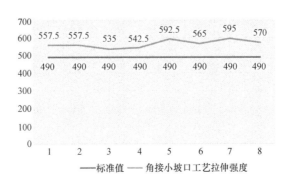

图 7-20　角接改进小坡口工艺评定拉伸强度数据对比

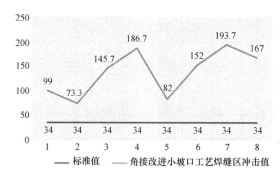

图 7-21　角接改进小坡口工艺评定焊缝区冲击值数据对比

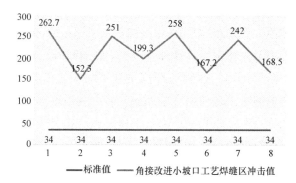

图 7-22　角接改进小坡口工艺评定热影响区冲击值数据对比

第 8 章
特殊节点焊接技术

8.1 多杆汇交节点焊接及工程应用

空间多杆汇交结构是一种将空间杆系通过与多个节点连接构成的建筑结构，是大型场馆屋顶和各类需要空间曲面造型装饰建筑物的主要实现形式。为了适应空间角度的任意变化，以往的空间网壳结构节点通常采用钢管相贯焊接或球形节点机械连接方式，且杆件通常采用圆钢（管），以便结构设计和现场安装。然而，钢管相贯节点存在焊缝交错集中导致较大焊接应力产生，因而影响结构的承载能力；而球形节点虽制作简单，但因体积大往往影响建筑物空间曲面造型的美观。因此，目前国内外都倾向于使用以箱形截面构件为主的多杆汇交结构，达到建筑轻盈、美观的视觉效果（图8-1、图8-2）。

图 8-1　伦敦国王十字火车站半圆形屋顶　　　　　图 8-2　上海世博轴阳光谷

8.1.1 多杆汇交节点焊接特点

目前，空间多杆汇交节点的制造技术，一般采用钢板数控下料-拼焊-加工工艺，即先将钢板经切割、边口加工和压力成形做成不同模块，然后用胎具将它们拼装成形后进行焊接，最后再用数控加工中心完成与杆系结合面、孔面的机械加工。

空间多杆汇交结构每个网格三角形往往都不处于同一面，每根杆件相对于节点中

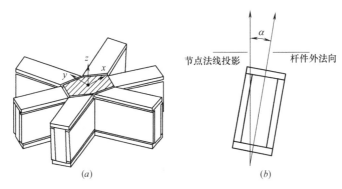

图 8-3　多杆汇交节点三维示意图

心 Z 轴存在一个法向夹角 α，如图 8-3 所示。

　　箱形截面杆件无法交汇，要形成一个节点，中心必有一过渡区，如图 8-3 阴影部分。由于 α 的存在，理论上各牛腿交汇处（图中阴影部分角点）标高各一。因此，节点可分解成中心过渡平板区和伸出牛腿区两部分，而中心平板厚度要能消化各角点标高差值，即要满足各牛腿翼板都能与之相交。这样可以得到最原始的节点构造形式，即杆件上下翼板通过散板组装成件。然而，散板组拼存在焊缝多，且定位难的问题。节点区所有对接焊缝一般均为全熔透，焊缝越多，焊接变形和焊接应力相应增大。

　　针对这种异形曲面构件，全用散板焊拼效率低，并不可取。因此，提出了将牛腿翼板与中心过渡拼板做成整体的一种构造思路，这将减少上下翼板 12 条焊缝（6 个牛腿），焊接量明显减少。散板拼装改成整板弯扭后，外观也有改进，理论上不存在牛腿翼板与中心拼板之间由于高差引起的台阶。此种型式节点通过将上下翼板由散板组拼优化为整板后，虽然减少了翼板的拼接焊缝，但由于伸出牛腿仍为散板焊接成型，并且在组拼成完整节点后再焊接，焊接变形对整个节点最终成型尺寸影响较大。

　　因此，提出了第三种节点构造型式：相贯节点，即先把牛腿焊接成标准节块，再相互交汇于中心圆柱。该种工艺整个焊缝量并不少，但其牛腿制作工艺是先组拼焊接成形后再切割成标准段，拼接焊缝均在胎架上完成，变形控制较易。

　　通过对多杆汇交节点的特点分析，节点加工精度要求高，节点区焊缝密集且主要为一级全熔透。因此，焊接应力及变形的控制是节点焊接的重点和难点。

8.1.2　世博轴阳光谷多杆汇交节点焊接

1. 阳光谷结构概况

　　世博轴阳光谷共有 6 个结构体系为三角形网格组成的单层网架。结构下部为竖直方向，到上部边缘逐步转化为环向。玻璃幕墙安装于阳光谷内侧，以满足地下空间的自然采光和雨水收集作用（图 8-4）。

　　6 个阳光谷体形不一，其中 4 号阳光谷为双向对称，其余均为单轴对称。阳光谷的高度约为 41.5m，最大底部直径约 20m，最大顶部直径约 90m，总面积为 31500m^2。

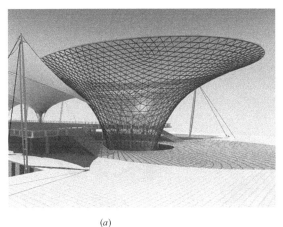

(a) (b)

图 8-4 世博轴阳光谷效果图

阳光谷钢构件采用焊接箱形节点（部分为实心节点，采用铸钢件），截面高度 180～500mm，宽度 65～140mm，杆件长度 1.0～3.5m，材质采用 Q345B。节点总数 10348 个，构件总数 30738 件，钢结构总重约 3300t。

箱形截面杆件汇交节点，各牛腿相对中心区存在着上扬角、圆周角和扭转角关系，空间关系非常复杂。多杆交汇，各个节点相互关联，任意一个节点牛腿出现偏差，且由于构件细巧，细微偏差也会无形放大，不仅影响构件的安装，建成后的外观效果变差；偏差过大，还会对结构安全带来不利影响，因此，节点加工精度要求高、难度大。

阳光谷节点板厚最大为 40mm，腹板与翼板设计要求均为全熔透焊缝，相对较小构件集中大量的焊缝将带来很大的焊接残余应力，这些残余应力可能会造成结构安全性影响，同时变形控制难。

节点制作工艺，构件加工质量不仅要满足设计及规范要求，同时要确保该工艺要有一定的效能，要满足现场紧张的施工安排。阳光谷节点各不相同，决定了其产品的单一性，这将制约加工进度，须采取合理的加工工艺来保证成品的合格率。

2. 阳光谷节点加工思路

阳光谷共一万多个节点中，除了 573 个实心节点采用了铸钢件形式外，其余都为焊接节点。而其中大量的构件断面为□180mm×65mm，构件越小其加工难度越大。通过技术攻关，最终采用了弯扭和相贯牛腿两种不同的加工工艺。而弯扭工艺又分为全弯扭（两侧翼板均为整板弯扭）和半弯扭（一侧翼板为整板弯扭、另一侧为直线散板交汇）两种形式。弯扭工艺牛腿交汇处均为过渡平板。

弯扭牛腿工艺，翼板整体弯扭减少了翼板之间相贯焊缝数量，可部分降低节点焊接残余应力。但同时由于节点中心区域范围较小，相对板厚较厚翼板弯扭难度加大，弯扭到位后的反弹控制难度高。同时，节点加工精度要求高，单靠人工操作无法达到精度需要，必须研制专门的弯扭数控设备来保证加工质量。

半弯扭（直线牛腿）工艺，仅一侧翼板弯扭，减小了一半弯扭工作量，一方面是为了部分减少焊缝量，另一方面也为了整板加工基准点易于设置，组装相对方便。

相贯牛腿则各个牛腿先加工成形，再直接相贯，中心设置圆柱进行平面过渡。

3. 阳光谷节点加工工艺

（1）半弯扭节点加工：

1）节点装配流程，如图 8-5 所示。

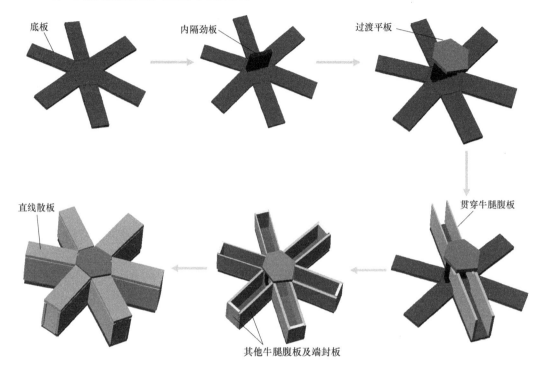

图 8-5　半弯扭节点装配流程图

2）焊缝要求。

节点焊接详图如图 8-6 所示，节点区焊缝主要有以下几种类型：全熔透焊缝、局部熔透焊缝和角焊缝。其中，直线散板与中心过渡板对接（①）、牛腿腹板与翼板角接（②）为一级全熔透焊缝，采用单面单边反面加衬垫坡口形式，贯穿牛腿腹板与中心内隔劲板对接为局部熔透焊缝（③），其他均为角焊缝。

3）焊接顺序，见图 8-6。

a. 节点装配时依次焊接内隔劲板与上下翼板之间焊缝（④）、贯穿牛腿腹板与内隔板之间焊缝（③）；

b. 其次焊接牛腿腹板与翼板的全熔透焊缝（②）；

c. 然后焊接各牛腿间腹板的角焊缝（⑤）；

d. 最后焊接牛腿直线散板与中心过渡板的对接全熔透焊缝（①）。

（2）弯扭节点加工。

1）节点装配流程，如图 8-7 所示。

2）焊缝要求。

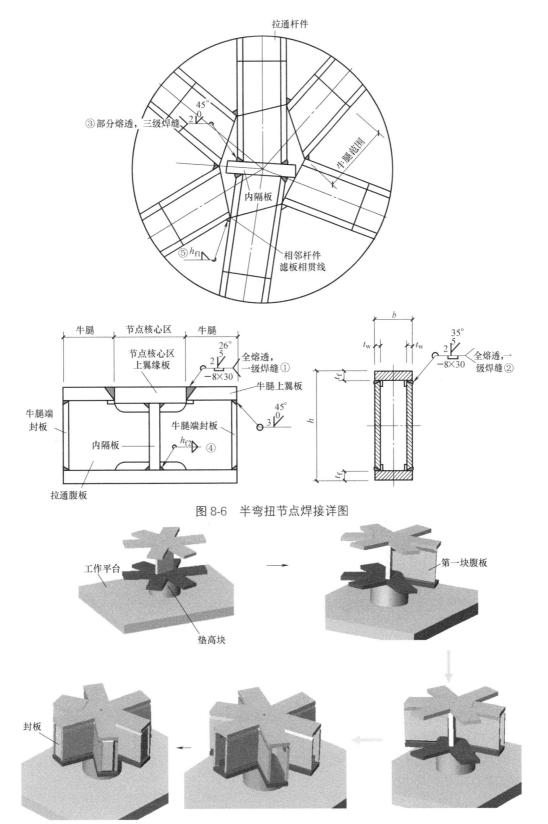

图 8-6 半弯扭节点焊接详图

图 8-7 弯扭节点装配流程图

弯扭节点构造上与半弯扭节点不同之处就是两侧翼板均为弯扭整板，少了一侧翼板散板与中心过渡板之间的对接，因此在焊缝数量上少了 6 条对接焊缝（6 个牛腿节点），其他焊缝形式和要求一致。

3）焊接顺序。

图 8-8　弯扭工装

弯扭节点虽然从构造形式上比半弯扭节点焊缝数量减少了，但需要将两侧翼板组拼后整体弯扭，工艺要求高（图 8-8）。

焊缝编号参见图 8-6 半弯扭节点图。

a. 首先焊接内隔劲板与上下翼板之间焊缝（④），上工装进行数控弯扭；

b. 弯扭成型后安装贯穿牛腿腹板，焊接腹板与内隔板之间焊缝（③）；

c. 然后焊接牛腿腹板与翼板的全熔透焊缝（②）；

d. 最后焊接各牛腿间腹板的角焊缝（⑤）；

（3）相贯节点加工：

1）节点装配流程，如图 8-9 所示。

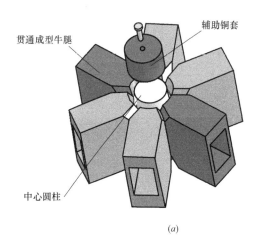

辅助铜套

贯通成型牛腿

中心圆柱

(a)

加工成型牛腿

(b)

图 8-9　相贯节点装配示意图

首先制作标准牛腿，按照箱形构件加工工艺，在胎架上制作一定长度节段。然后根据节点牛腿长度，利用五自由度混联机器人进行相贯面的切割，加工完成成型牛腿（图 8-10）。

然后进行节点组装，为了保证翼板与中心圆柱间隙，确保焊接质量，使用铜套辅助组装，定位好后去除。

2）焊缝要求。

相贯节点将牛腿做成标准节块，使得大量的腹板与翼板组拼焊缝在制作标准节时

(a)　　　　　　　　　(b)

图 8-10　机器人相贯面切割

焊接完成，这样可以在胎架上采用自动焊接，变形和质量较易得到控制。但牛腿与中心圆柱的焊缝量相应增加，且均为一级焊缝，质量要求高。

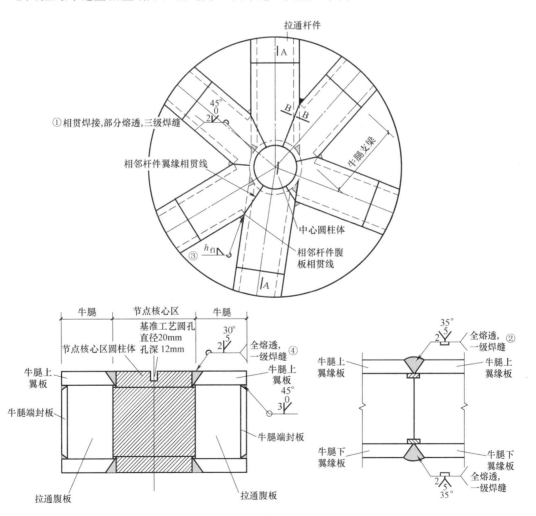

图 8-11　相贯节点焊接详图

3）焊接顺序，如图 8-11 所示。相贯节点的焊接原则也是以对焊接变形的控制为主，因此采取以下的焊接顺序：

a. 焊接贯通牛腿腹板与中心圆柱对接焊缝（①）；

b. 焊接各牛腿之间相贯焊缝（②）；

c. 焊接各牛腿间的腹板角焊缝（③）；

d. 焊接牛腿与中心圆柱对接焊缝（④）。

焊缝编号见图 8-11 相贯节点焊接详图。

4. 节点焊接工艺

（1）焊前准备：

1）节点装配检查合格后，将其放置于水平胎架上，然后对焊缝及其两侧 50mm 范围进行打磨，清除杂质、铁锈及油污。

2）焊接前在牛腿外端加装焊接引弧板，要求同材质、同厚度、同坡口。

3）焊接前在两相邻杆件间加刚性支撑，以控制相邻杆件间的尺寸及角度变形。

（2）预热及道间温度控制。

对于板厚小于 30mm 的接头不预热，厚度 30～40mm，预热温度 60～80℃，针对相贯节点中心圆柱焊接，预热温度 80℃。采用多层多道焊，道间温度控制不超过 200℃。

（3）焊接参数。

焊接采用 CO_2 气体保护焊，焊丝选用大西洋焊丝，牌号为：CHW-50C6（实芯）/JQ. YJ501-1/V-71（药芯），见表 8-1。

节点焊接参数   表 8-1

焊丝直径(mm)	焊接电流(A)	电弧电压(V)	焊接速度（cm/min）	热输入（kJ/cm）	备注
$\phi1.2$	280～320	28～36	25～45	8.2～34.6	实芯

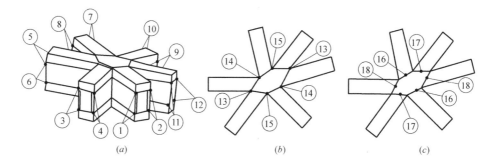

图 8-12 节点焊接顺序图

图 8-12 所示是半弯扭节点详细的焊接顺序，采用对称、小电流快速焊接工艺，以有效控制节点的焊接变形。

节点焊接完成无损检测合格后，对所有外露焊缝进行打磨平整。

5. 节点消除应力处理

通过对多杆汇交节点的特点分析，无论采用哪种节点加工工艺，在节点区域都集中了比较密集的焊缝，而对于节点的精度尺寸又是控制的重点。所以在焊接时，以焊接变形控制为主，拘束越大，焊接应力也随之增大。因此，需对焊接完成后的节点进行消除应力处理。

残余应力消除一般有振动时效、退火热处理（整体或局部）、锤击等方法。阳光谷节点构件相对较小，具备炉子整体退火条件。振动时效目前在钢结构，特别在制作中应用比较多，但仅能消除应力峰值。因此，根据节点特点，采用整体回火处理来消除应力，回火采用加热炉形式。

8.2 不锈钢转动支座节点焊接及工程应用

目前，工程上为了释放结构体系位于节点处的不利内力，一般在这些节点位置设置可以转动或滑动的柔性节点装置，如上海中心大厦连接内外幕墙的钢结构支撑体系就采用了这些柔性节点装置。通过这些装置，既能满足幕墙支撑体系的受力荷载，同时又能适应整个结构的变形要求。

8.2.1 不锈钢转动支座节点特点

上海中心大厦在外幕墙支撑体系中，设置了多种形式的柔性支座。有可上下滑动、环向允许摆动的；有可上下、径向滑动、环向位移限制的；有可释放三向弯矩，但限制三向位移的；有可竖向滑动，约束水平位移且释放环向弯矩的；还有可释放环向位移，而确保其余约束的连接装置等。这些装置均是为了协调建筑主体结构和幕墙支承结构不同变形的要求。

图 8-13 所示为可竖向滑动、约束水平位移的连接装置。每区最底部共设置数十个竖向滑移连接装置，并和水平连接装置组成连接装置群，每个垂直连接装置可竖向滑动、约束水平位移。

图 8-14 所示为幕墙支撑底层水平连接装置。为了释放温度变形以及减少施工偏差对竖向连接装置的影响，每区最底层环梁设置有水平连接装置，和竖向连接装置相对应。起允许环梁相对自由伸缩，但需要能够保证环梁的抗弯连续性。

这种柔性装置在传统意义上是一种机械连接装置。由于建筑物的使用寿命远高于一般机械零部件，为了抗腐蚀往往采用不锈钢材料。本节所介绍的不锈钢转动节点就是其中的一种。

8.2.2 不锈钢转动支座节点焊接特点

1. 不锈钢焊接性能

不锈钢按化学成分分为铬不锈钢、铬镍不锈钢；按组织分为铁素体不锈钢、马氏体不锈钢、奥氏体不锈钢和奥氏体-铁素体双相不锈钢。在航空、石油、化工和原子

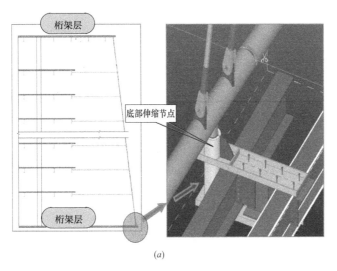

图 8-13　可竖向滑动、约束水平位移连接装置示意图

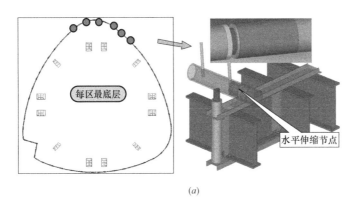

图 8-14　幕墙钢结构支撑底层水平连接装置构造形式

能等工业中得到日益广泛的应用。在不锈钢中，奥氏体不锈钢（18-8 型不锈钢）比其他不锈钢具有更优良的耐腐蚀性；强度较低，而塑性、韧性极好；焊接性能良好，其主要用作化工容器、设备和零件等，因此不锈钢转动节点材料采用性能优良的奥氏体不锈钢。

奥氏体不锈钢的焊接由于焊接材料与工艺的不同，会产生热裂纹、晶间腐蚀、应力腐蚀开裂、焊接接头的低温脆化（475℃脆化）等不同的问题。因此，在焊接工艺的的选择和焊接材料的匹配方面应慎重。

不锈钢转动支座其实是在低合金钢的基体上堆焊一层不锈钢来提高耐蚀性，因此又涉及到低合金钢与不锈钢异种材料的焊接。

因低合金钢和不锈钢在力学性能、物理因素、焊接冶金等方面存在差异。低合金钢与不锈钢堆焊层焊接时，焊接接头区域会因稀释反应、组织变化、内应力等，形成不同于母材的成分、组织和性能。

2. 熔合区的热应力

奥氏体不锈钢热导率小而线膨胀系数大，在焊接局部加热和冷却的条件下，熔合线区存在较大的热应力，并在焊缝分界面上造成应力集中。焊缝和近缝区易产生热裂纹，同时应力集中还能引起优先氧化问题，在靠熔合线合金元素量低的一边产生氧化缺口。

3. 稀释反应

由于金属成分相差悬殊，焊件本体只含有少量的合金元素，根据杠杆定律及舍夫勒组织图，当熔合比一定时，用 18—8 型焊接材料，焊缝金属因受到珠光体母材的稀释作用，导致熔池边缘液态金属温度低，流动性差，因此过渡区易产生马氏体组织，从而增大焊接接头脆性，甚至产生裂纹。

4. 熔合线区的碳扩散反应

堆焊层的成分是少量铁素体＋奥氏体，焊接时熔合线区的合金元素要进行重新再分配。碳元素从低合金母材一侧通过熔合区向奥氏体焊缝迁移，在珠光体母材一侧形成强度很低的脱碳层，在奥氏体一侧形成脆而硬的游离碳化铬的增碳层。高温下长时间加热时，母材脱碳层由于碳元素的减少，珠光体组织将转变为铁素体组织而软化，同时促使脱碳层处晶粒长大，沿熔合区生成粗晶粒层，导致脆化，随着热输入的增加，脱碳层和增碳层的宽度也增加。使熔合区成为异种钢接头的最薄弱部位，危害性比稀释反应更大。

8.2.3　不锈钢转动支座节点焊接工艺

异种金属焊接接头的焊缝及熔合区的组织和性能主要取决于焊接材料和焊接工艺。根据焊接性分析，选择焊接材料时要着重考虑低碳钢对焊缝的稀释作用，焊缝中易出现脆性马氏体组织。合理的焊缝金属合金系组分能降低焊缝中马氏体组织形成的可能和减小马氏体脆性层的宽度，增加稳定奥氏体组织的元素数量，抑制熔合区碳的扩散。控制焊接接头的应力分布，防止外在拘束条件下的焊缝产生冷、热裂纹。

通过试验对异种金属焊接接头力学性能和金相组织进行分析和验证，总结工艺上所存在的问题以及热处理对此类焊接接头的影响。为改善焊缝金属被稀释以及碳扩散的问题，应减小焊条或焊丝直径，采用大坡口、小电流、快速多层焊等工艺。在焊前必须清除可能使焊缝金属增碳的各种污染。焊接坡口和焊接区焊前应用丙酮或酒精除油和去水。清理坡口、焊缝表面、清渣和除锈应用不锈钢砂轮、钢丝刷等。气体保护焊应选用铬锰含量比母材高的焊丝，以补偿焊接过程中合金元素的烧损。

在焊接过程中，须将焊件保持较低的层间温度，不宜超过 150℃。在操作技术上应采用窄焊道技术，焊接时尽量不摆动焊条，在保持良好熔合的前提下，尽可能提高焊接速度。在焊接工艺上采用小线能量、小电流、快速不摆动焊，收尾时要填满弧坑，以减小焊接应力和避免弧坑裂纹。采取合适的焊接工艺保证焊缝成形良好，采取合理的焊接顺序，降低焊接残余应力。

8.2.4　上海中心滑移支座的焊接

上海中心大厦工程幕墙垂直滑移支座轴体规格繁多，焊接要求高，焊接工作量大

（表 8-2），机器人焊接支座如图 8-15 所示。

支座焊接规格

表 8-2

序号	尺寸(mm)	图 列	备注
1	φ392×1018	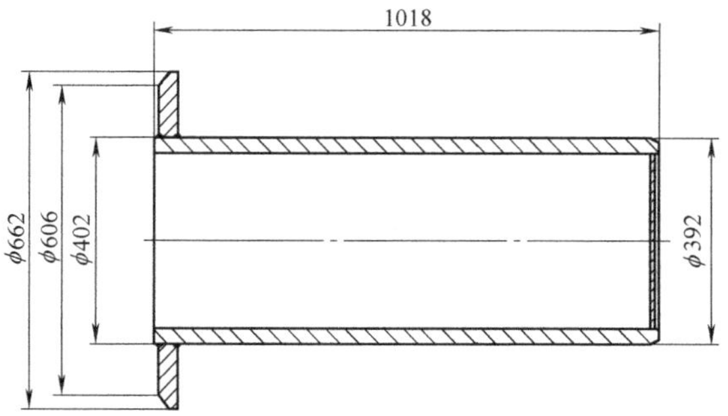	圆柱面
2	φ186×749	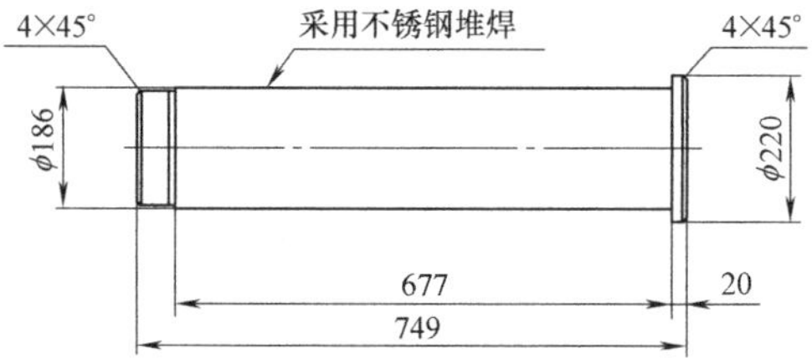	圆柱面
3	φ186×442	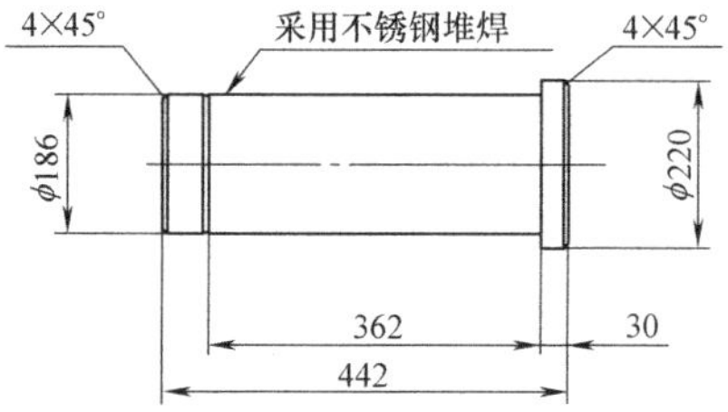	圆柱面
4	φ265×161	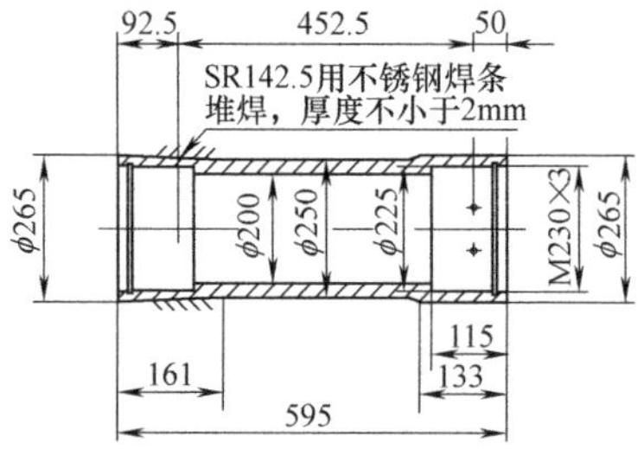	圆弧曲面

　　由于滑移支座节点对堆焊层焊接质量要求高，并要保证机加工后不锈钢层的厚度，以满足防腐蚀要求。而人工焊接的产品由于焊缝成形差，因此要堆焊较大的厚度，浪费较多的焊材和人力，而且极大增加了机加工工作量。

　　为保证不锈钢堆焊层的焊接质量和适应滑移支座规格的多样性，滑移支座的堆焊采用混联五轴焊接机器人和辅助转动工装平台相结合的焊接工艺装备。在对焊接工艺进行反复验证和优化基础上，实现了多功能焊接机器人的焊接参数（焊接电流、电压）、焊接速度及焊接角度实时调节的预规划。保证在所有轴体焊接的一致性，满足碳钢轴体表面均匀堆焊一定厚度的高质量不锈钢层。

图 8-15 机器人焊接支座

表 8-3 为上海中心大厦工程幕墙滑移支座球面焊接不锈钢层应用的机器人焊接参数表。

支座不锈钢机器人焊接参数 表 8-3

序号	参数名称	单位	数值	备注
1	焊接电流	A	$180\sim200$	
2	焊接电压	V	$21\sim23$	
3	机器人运行速度	m/min	$0.8\sim1.0$	
4	干伸长度	mm	$10\sim15$	
5	焊接接头位置		$90°$	
6	焊接偏移量	mm	6	
7	焊枪工作角		$70°\sim80°$	
8	焊丝直径选择	mm	1.2	
9	保护气体成分和流量		$80\%Ar+20\%CO_2$	

这套焊接装置及焊接工艺出色地完成了上海中心全部支座的焊接任务。焊缝成型致密美观，焊道排列均匀，该焊接装备和工艺不仅对圆柱面焊接良好，而且对球面的焊接也能满足质量要求（图 8-16）。

(a)

(b)

图 8-16 机器人焊接完成的半成品

图 8-17 所示是机加工后的成品，因采用机器人焊接出来的半成品规则有序，焊缝表面均匀一致，极大地减少车床加工的工作量。既满足轴体的质量要求，同时大幅降低轴体的焊接和加工成本，保质、保量地完成上海中心大厦工程的进度和质量要求。

(a)

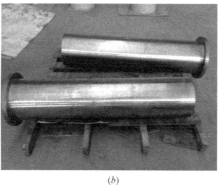
(b)

图 8-17 机加工完成的成品

8.3 V 柱节点焊接工艺及工程实例

当建筑要求需要采用转换层结构时，由于 V 形柱具有结构简单，受力明确等优点，因此，近年作为一种新型的转换形式在人跨度空间钢结构的体育场、大剧院、展览中心、飞机库和一些工业厂房中得到广泛应用。

如卡塔尔基金体育场采用了此类 V 柱转换结构。卡塔尔基金体育场是 2022 年世界杯赛事举办场馆之一，可容纳 45350 人。因这座体育场建造在教育城几座大学校园中间，又称为教育城体育场。体育场效果图如图 8-18 所示。

图 8-18 卡塔尔基金体育场

8.3.1 卡塔尔基金体育场 V 形柱钢结构特点

卡塔尔基金体育场结构采用 V 形柱转换系统，该转换系统由 52 根 V 形柱组成体育场立面支撑系统。V 形柱均为圆管相贯，管材规格为 $\phi610 \times 16$、$\phi610 \times 25$，圆管相贯的夹角有 21.9°、28.7° 和 44.7° 三种。V 形柱管材采用欧标低合金高强度细晶粒结构钢 S355J0+N 正火钢板卷制而成。V 形柱转换系统见图 8-19，V 形柱安装示意如图 8-20 所示。

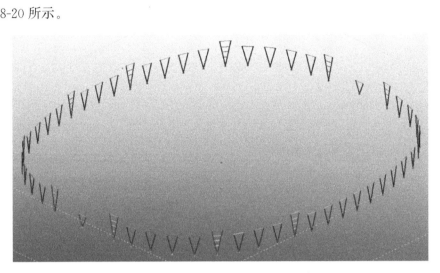

图 8-19 卡塔尔基金体育场 V 形柱转换系统

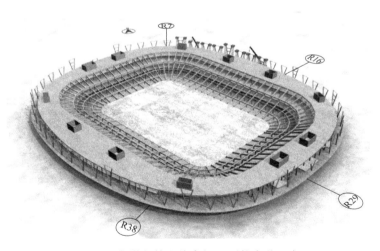

图 8-20 卡塔尔基金体育场 V 形柱安装示意图

8.3.2 V 形柱焊接特点

V 形柱焊接特点及难点如下：

（1）因 V 形柱往往处于结构受力较大部位，为保证连接可靠，一般采用全熔透焊等强焊缝，焊缝质量要求高。

（2）圆管相贯于中间插板，管材相贯口开设优劣直接影响到结构焊接；此外，管材相贯夹角小、相贯口长度长，现有数控相贯线切割机行程不能满足加工要求，坡口开设要求高。

（3）V形柱圆管相贯面为非规则弧形，装配精度优劣影响焊接熔合深度。全熔透焊接区：①坡口焊接量大，直接影响结构变形，焊接控制要求高。②部分熔透区域：坡口开设优劣之间影响焊接熔深。③焊接过渡区：起始及终止分界点很难控制，会导致局部焊接缺陷，造成局部焊接应力过大。弧形焊接分区示意如图 8-21 所示。

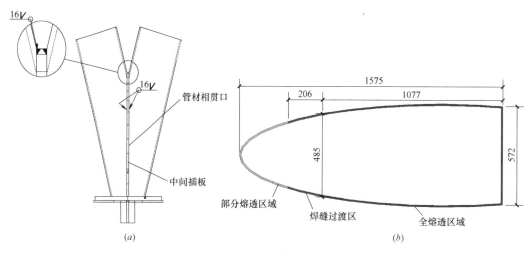

图 8-21　弧形焊接分区示意

8.3.3　V柱节点焊接

1. 焊接材料选择原则

焊接接头的性能取决于焊材的选择。焊材选用时，主要考虑材料的焊接性、工艺性及经济性。一般采用以下选用原则进行选择：

（1）焊件物理、化学性能和化学成分选择原则；

（2）焊件几何形状的复杂程度、刚度大小，焊接坡口的制备情况和焊接位置选择原则；

（3）改善焊接工艺和劳动生产率和经济合理性时选择原则。

焊接材料选用原则如图 8-22 所示。

2. 焊接材料选择

本工程焊材选择主要考虑焊件物理、化学性能和化学成分选择原则，保证焊缝强度与母材强度接近，满足设计强度要求。

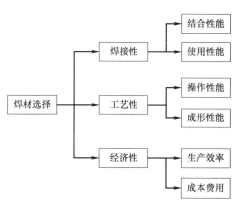

图 8-22　焊接材料选择原则

（1）母材材料性能。

此部分结构材料为 S355J0＋N 欧标 EN 10025 的低合金高强度细晶粒结构钢，其材料性能与国标 GB/T 1591 中 Q345C＋N 性能接近。低温韧性较好，经过正火细化晶粒热处理后材料可焊性能更为优越。材料性能见表 8-4。

母材化学机械性能　　　　　　　　　　　表 8-4

EN 10025-2-2004S355J0 化学元素							
厚度≤40(mm),C_{max}＝0.20 碳含量							
厚度≤30(mm),CEV_{max}＝0.45 碳当量							
碳(C)	硅(Si)	锰(Mn)	磷(P)	硫(S)	氮(N)	铜(Cu)	碳当量 CEV
max0.22	max0.55	max1.6	max0.035	max0.035	max0.012	max0.55	max0.47
EN 10025-2-2004 S355J0 机械性能							
厚度(mm)	≤3	3～100	100～150	150～250			
抗拉强度(MPa)	510～680	470～630	450～600	450～600			
厚度(mm)	≤16	16～40	40～63	63～80	80～100	100～150	150～200	200～250
屈服强度(MPa)	355	345	335	325	315	295	285	275
冲击 KV(J)	−20℃	0℃	＋20℃				
	27	27	27				

（2）焊接材料性能。

焊接填充材料选择时，尽量避免焊缝金属强度高于母材，宜采用等强匹配、焊接性能稳定原则进行选择。采用 EN ISO 17632-A-T42 2 P C 1H10 药芯焊丝，其具有焊接工艺性能佳、电弧稳定、飞溅少、脱渣容易、焊缝成形好等优点，同时适用于490MPa 级别钢材焊接。焊接材料化学及机械性能见表 8-5。

焊接材料化学成分及力学性能　　　　　　　　表 8-5

焊接材料熔敷金属化学成分(质量分数)(%)					
化学元素	碳(C)	锰(Mn)	硅(Si)	硫(S)	磷(P)
标准值	≤0.18	≤1.25	≤0.90	≤0.003	≤0.003
实测值	0.055	1.35	0.4	0.009	0.018

焊接材料熔敷金属力学性能				
项目	抗拉强度 R_m(MPa)	屈服强度 R_{el}(MPa)	断后伸长率 R_m(MPa)	−20℃冲击功 KV_2(J)
标准值	≥480	≥400	≥22	≥27
实测值	535	440	32	110

3. 焊接过程控制

对于高强度细晶粒结构钢，为保证焊缝及热影响区具有较好的变形能力及足够强度性能，而对焊接热输入上限有所限制，同时为避免焊接裂纹的产生，对最低热输入也有要求。除热输入外，焊接接头温度一时间分布也会对接头的力学性能有一定影响。影响接头的温度-时间分布因数包括：线能量、结构厚度、工作温度、焊缝形式及焊缝构成。一般可以采用 t8/5 及焊接熔池的温度从 800℃ 降到 500℃ 的时间，通过控制 t8/5 冷却时间可以改变熔池的冷却速度，从而达到防止冷裂纹、控制组织以达到满意的焊接接头性能，同时必须保证采用合适的电流、电压、速度及预热温度。

（1）焊前预热及层间温度控制保证是焊接质量重要技术手段。本工程所用的钢材均属于高强度材料，因此，焊前预热及层间温度的控制尤显重要。

预热是指在焊接前对焊接区的母材进行加热，母材温度达到要求后方可实施焊接。

层间温度的保持是指前一道焊缝焊完到后一道焊接开始的这一段时间里，不可任由焊缝自行冷却，需要通过加热手段使焊缝区域的温度保持在规定的温度范围之内。

预热方式宜采用电加热进行加热，加热范围应覆盖施焊部位 50mm 以上。对于定位焊、焊接返修以及特殊空间受限焊接接头，可采用火焰加热器进行预热。预热时应力求温度均匀。对于材料为 S355J0 可以参照表 8-6 温度进行预热。

预热温度的选择 表 8-6

母材牌号	材料厚度（mm）				
	$t\leqslant20$	$20<t\leqslant40$	$40<t\leqslant60$	$60<t\leqslant80$	$t>80$
S355J0	$\geqslant0℃$	$\geqslant20℃$	$\geqslant60℃$	$\geqslant80℃$	$\geqslant100℃$
层间温度	$\leqslant230℃$	$\leqslant230℃$	$\leqslant230℃$	$\leqslant230℃$	$\leqslant230℃$

（2）坡口及焊道布置。

合理的坡口构造及焊缝布置有利于焊接成形及接头焊接性能。坡口构造采用外侧 45°K 形对称坡口，有利于焊接变形控制。坡口开设示意如图 8-23 所示。

因 V 形柱圆管管径大于 $\phi600$，满足管内施焊空间，采用内侧封底焊接，外侧碳弧气刨清根，清根后采用打磨去除表面 2mm 厚碳化层，正面填充、盖面焊接。正面填充盖面时采用多层多道焊接技术。多层多道的后一道作为前一道焊缝的回火焊道，更有效改善焊缝组织，进一步提高焊缝组织的韧性。焊缝布置如图 8-24 所示。

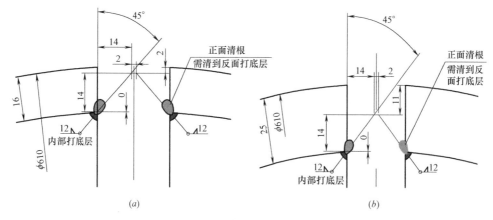

(a)　　　　　　　　　　*(b)*

图 8-23　坡口构造示意图

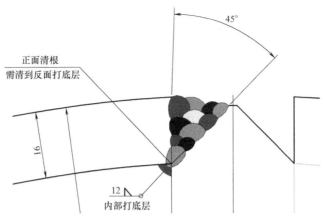

图 8-24　焊道布置

（3）焊接方法和焊接工艺参数。

合理的焊接方法和焊接工艺参数是影响焊接外观及焊接接头性能的主要因数。

CO_2 气体保护焊焊丝细，电流密度大，加热集中，焊接变形小。选用热影响区较窄的 CO_2 气体保护焊焊接方法代替手弧焊、埋弧焊，可减少钢结构焊接变形。

焊接工艺参数包括焊接电流、电弧电压和焊接速度。线能量越大，焊接变形越大。焊接变形随焊接电流和电弧电压的增大而增大，随焊接速度的增大而减小。选用较小的焊接热输入及合适的焊接工艺参数，可减少钢结构受热范围，从而减少焊接变形。焊接工艺参数见表 8-7。

焊接工艺参数　　　　　　　　　　　　　　　　表 8-7

道次	焊接方式	焊材规格	电流(A)	电压(V)	电源特性	焊接速度(cm/min)
Root(打底)	FCAW(136)	$\phi1.2$	260～280	28～30	DCEP	18～26
Fill(填充)	FCAW(136)	$\phi1.2$	240～260	26～28	DCEP	20～28
Cap(盖面)	FCAW(136)	$\phi1.2$	240～260	26～28	DCEP	22～30

（4）焊接应力控制。

焊接应力控制目的是降低焊接结构应力的峰值并使其均匀分布，避免局部应力过大，保证焊缝及结构性能。

1）焊接内应力由局部加热循环而引起，针对不同厚度的板材，为避免局部应力集中，焊接尽量采用双面坡口，减小焊缝尺寸。

2）焊接接头拘束度越大，焊接应力就越大，因此应尽量使焊缝在较小拘束度下焊接。

3）在焊接较多组装件的条件下，应根据构件形状和焊缝的布置，采取先焊收缩量较大的焊缝，后焊收缩量较小的焊缝；先焊拘束度较大而不能自由收缩的焊缝，后焊拘束度较小而能自由收缩的焊缝的原则。

4）为了减少焊接热量流失过快和熔池冷却过快，焊缝在结晶过程中产生裂纹的现象，当板厚达到一定厚度时，焊前应对焊缝周边一定范围内进行加热，即焊前预热，加热温度视板厚及母材碳当量而定。

5）焊接时采用多层和多道焊时，在焊接过程中应严格清除焊道或焊层间的焊渣、夹渣、氧化物等。从接头的两侧进行焊接完全焊透的对接焊缝时，在反面开始焊接前，应采用适当的方法（如碳刨、凿子等）清理根部至正面完整焊缝金属为止，清理部分的深度不得大于该部分的宽度。应控制熔敷金属宽深比，每一焊道熔敷金属的深度或熔敷的最大宽度不应超过焊道表面的宽度。

6）同一焊缝应连续施焊，一次完成；不能一次完成的焊缝应注意焊后的缓冷和重新焊接前的预热。焊接过程实例如图 8-25 所示。

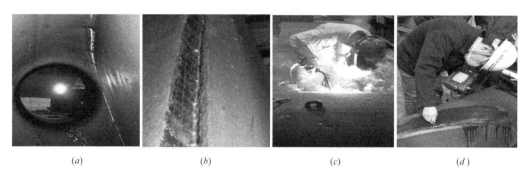

| (a) | (b) | (c) | (d) |

图 8-25　实际焊接过程

（5）焊接检测。

为保证焊接质量，所有焊缝应进行无损检测，确保焊接接头无缺陷。本批次 V 形柱无损检测要求如下：①焊接全熔透区域：100％超声波（UT）和 50％的磁粉着色（MT）检测；②焊接过渡区及部分熔透焊接区域：100％超声波（UT）和 50％的磁粉着色（MT）检测。

4. 焊接缺陷返修

凡经目视检查或无损探伤方法确定的超出焊缝缺陷等级的不合格品，均必须进行返修或补焊。

（1）对于气孔和夹渣返修时，先用砂轮机或电磨头将气孔和夹渣部位彻底清理干净后再进行焊接，然后打磨光滑。

（2）当焊缝有咬边或未焊满时，不允许以打磨母材作为修正，应先将缺陷部位打磨处理后补焊，然后对成型不太均匀的部位采用砂轮机进行修磨，保证焊缝成型均匀一致。

（3）裂纹的返修应先采用目测或探伤方法确定裂纹走向（必要时在裂纹末端钻上止裂孔），然后用砂轮机或电磨头将裂纹部位彻底清理干净，可采用磁粉着色（MT）检测，确定裂纹已彻底清除，再进行焊接。

（4）当焊缝上出现未熔合、未焊透或熔深不够时，应用专用砂轮或电磨头将缺陷部位彻底清理干净再进行焊接。清理缺陷时，允许根据缺陷位置的深度确定从焊缝正面还是反面进行清理。当角焊缝有效厚度不够时，先打磨清理焊缝表面，然后在焊缝上增焊焊层或焊道。

（5）返修焊缝的表面尺寸应与附近焊缝相同，修补处的焊缝须进行打磨，使得修补焊缝和原焊缝、修补焊缝和母材之间圆滑过渡。

（6）返修焊使用的焊接工艺规程（WPS）必须符合焊接工艺评定（WPQR）的适用范围，焊接前焊接区域 50mm 范围内无锈、污痕、油、水、飞溅等，焊接宜采用多层多道焊接，避免热输入过大造成二次缺陷形成。返修焊接完成后，需按工程检测要求进行检测。

5. 安装后整体效果

钢管柱焊接安装效果如图 8-26 所示。

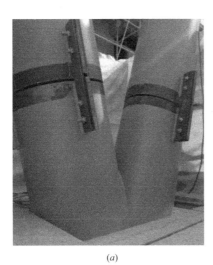 

(a)　　　　　　　　　　　　　　(b)

图 8-26　现场安装图

8.4　相贯节点焊接及工程应用

8.4.1　相贯节点特点

相贯节点又称无加劲节点或直接焊接节点，是目前钢管结构工程主要使用的节点构造形式。主要表现为在其节点处只有在同一轴线上的两个最粗的相邻杆件贯通，其余杆件通过端部相贯线加工后，直接焊接在贯通杆件的外表面，非贯通杆件在节点部位可能互相分离，也可能部分重叠，具有构造简洁、受力合理、施工方便的特点。

相贯节点主要用于管桁结构。从相贯节点的空间几何关系来看，包括平面相贯和空间相贯两种情况。平面相贯节点主要有 T 形节点、K 形节点、Y 形节点几种基本形式以及其相互组合，空间相贯节点包括在此基础上增加变化的 X 形节点、KT 形节点等（图 8-27）。根据钢管材料分类，又分为圆钢管相贯节点和方钢管相贯节点（图 8-28）。

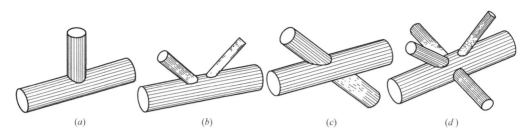

图 8-27　相贯节点典型几何形状

（*a*）T 形节点；（*b*）K 形节点；（*c*）X 形节点；（*d*）KT 形节点

图 8-28　圆钢管相贯节点和方钢管相贯节点实例

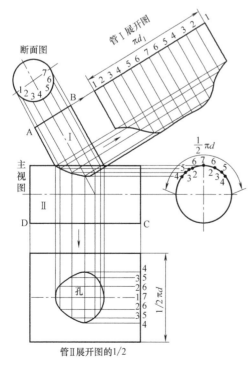

图 8-29　相贯节点钣金放样示例

8.4.2　相贯节点焊接特点

1. 相贯节点坡口加工难度大

相贯节点由于相互曲面相交，在圆管的整个相贯线内坡口是不断变化的，管口形成复杂的不规则形状曲线，通常相贯节点坡口加工方式有手工切割和数控切割两种。相贯节点坡口加工难度主要体现在：

（1）采用手工切割方式，需要先将相贯口通过钣金展开放样（图 8-29），利用白纸板裁剪出对应的相贯线并贴于圆管切割部位，然后再完成手动坡口气割和人工打磨。此方法是先利用投影原理作出相贯线的展开图样线，画出辅助线，再求出实长，存在作图烦琐、偏差较大的缺点，而且手动气割方式坡口面容易产生锯齿，大大增加了坡口打磨工作量，工作效率低，坡口加工质量难以保证。

（2）采用数控切割方式，需通过计算机软件辅助编程，将数据导入五维或六维数控相贯线自动切割设备，坡口加工变得相对简单。由于相贯结构的复杂性，也导致相贯线切割设备无法一次性完成切割工作，在某些部位出现一些缺口（图 8-30），需要后续人工修磨。

 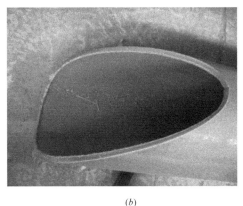

(a)   *(b)*

图 8-30　数控相贯坡口切割

（3）数控相贯线切割设备也存在一定偏差。数控相贯线切割时，先沿切管圆周方向上分成若干个点，相邻两点之间的夹角在偏差控制条件下是可变的，数控相贯切割实际上就是以直代曲的过程，即以两点间的直线代替两点之间的弧度，分点数目决定了直线与弧线的逼近程度。分点数目过大增加计算量，没有实际意义；而分点数目过小，满足不了工程所要求的精度。解决这一矛盾的有效办法是对每一分点进行直线和弧线逼近程度控制，再局部调整分点间隔，进行偏差控制。

（4）数控相贯线切割变坡问题。主管和支管相贯焊接时，按照实际焊接工艺要求，相贯各处支管割口与主管外壁形成的坡口夹角为一定值（图 8-31），为满足坡口夹角 P 各处不变的要求，数控相贯切割时支管外壁上母线与壁厚方向的夹角需要不断变化。通常在实际切割过程中，割口会有一定宽度，为保证切割出的断面符合理论

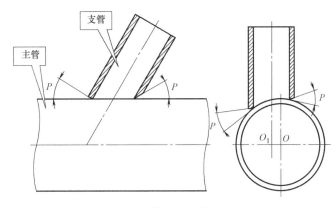

图 8-31　数控相贯坡口切割

值，必须考虑对实际割口加以补偿，补偿值的大小，需要根据相贯具体情况进行确定。基于以上因素，需要开发补充辅助坡口编程软件来完善解决。目前各大专业院校、科技公司正在深入、全面的开发研究。

2. 相贯节点焊接难度大

相贯节点最关键的就是相贯线焊接，其过程中的难度主要体现在两个方面，即焊接位置不固定和焊接过程质量较难控制。

（1）焊接位置不固定。

相贯节点在实际焊接过程中，焊枪是以一定的姿态沿着焊缝做相对运动，相贯节点焊缝视为一条三维空间曲线，焊接过程要同时经历平焊、立焊甚至仰焊等几种焊接位置组合，这无疑对焊接操作提出了更高的要求。由于相贯线焊缝焊接过程中位置处于不断变化状态，因此焊接姿态对焊接质量的影响不容忽视。根据焊接工艺实践，应尽量保证相贯焊缝焊接处于平焊或者船形焊位置。

（2）焊接过程质量较难控制。

如图 8-32 所示，根部和趾部往往合格率较低，有时稍加打磨就会发现夹渣或外观有不规则形状的裂纹，特别在焊接壁厚管桁架的相贯口时，此缺陷更加明显，焊后经过 UT 检测，焊缝根部通常会表现为未熔合、气孔、夹渣等焊接缺陷，主要原因在于此部位空间狭窄，焊接时难以施焊。侧部至趾部过渡区域的相贯坡口变化比较明显，装配间隙不能均匀一致，受焊接操作技能影响容易导致焊缝两侧存有咬边及焊脚过大缺陷，直接影响焊缝焊接质量。

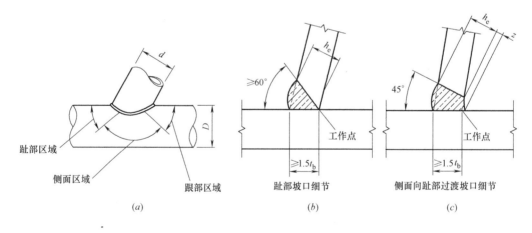

图 8-32　圆管相贯焊缝示意图及典型坡口

3. 多次管相贯装配顺序确定较为困难

相贯节点作为一种特殊的节点形式，在多次管装配时其装配顺序直接影响支管间的相贯关系。首先装配的支管，只需考虑该支管与主管的相贯，后装配的支管，除考虑与主管的相贯外，还需考虑与先装配的支管的相贯。通常情况下，一个节点有三个以上支管相贯时，均以中间一根支管作为优先装配。多根支管同时交于一点且支管同时相贯时，支管以较大管径和壁厚较厚者优先。当存在多管相贯轴线不能交于一点时，容易出现贯口定位不准确、定位困难等问题，易造成结构无法顺利连接情况。为此需搭设胎架，确定各装配定位控制点后，按照先中间后两边的原则进行装配，合理调整各支管的坡口角度，检查次管相贯装配间隙的大小，通过完成对各相贯支管位置的检测，保证整体装配质量。

8.4.3 上海崇明体育训练基地一期项目相贯节点焊接

1. 崇明体育训练基地项目结构概况

该项目位于崇明县陈家镇，东北至 55 塘河，南至北沿公路。建筑面积约 19.4 万 m^2，其中 5 号楼屋盖结构采用了钢管桁架空间结构体系，由体操馆、蹦床馆和艺术体操馆等部分组成（图 8-33、图 8-34），共分布有 24 榀长轴三角锥形钢管桁架，采取折线起拱方式，最大跨度约 45m，最大拱高约 3.7m。钢管桁架的截面尺寸：上弦截面 $\phi219\times6$，下弦截面 $\phi245\times8/10/16$，斜腹杆截面 $\phi140\times6$，整体造型虽然规则，但相贯节点构造比较复杂。

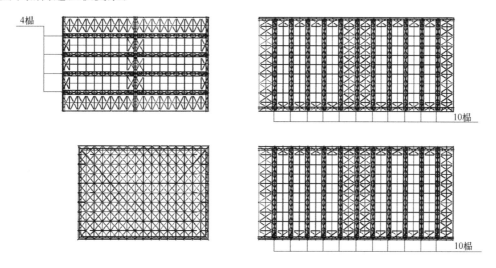

图 8-33 崇明体育训练基地项目 5 号楼屋盖平面布置图

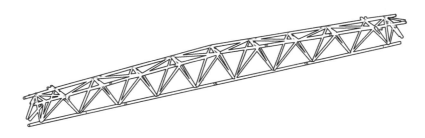

图 8-34 崇明体育训练基地项目 5 号楼典型三角锥形钢管桁架三维效果

该项目除弦杆对接采用全熔透焊缝外，其余管桁架结构均采用 T、K、Y 形相贯节点焊接焊缝。针对相贯节点的焊接要求规定见图 8-35 和表 8-8，焊缝质量等级要求达到二级。

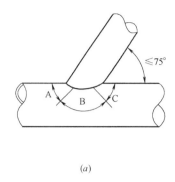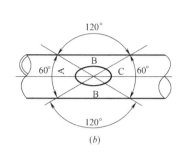

(a)　　　　　　　　　　　(b)

图 8-35　圆管相贯焊缝分区示意图

圆管相贯节点焊接要求　　　　　　　　　　　　　　表 8-8

管壁厚	主管和支管夹角	A 区焊接	B 区焊接	C 区焊接
≤6mm	—	全周角焊缝		
>6mm	θ≥35°	全周带坡口部分熔透焊缝＋角焊缝余高补强 （允许焊缝根部 2～3mm 未熔合）		
	θ<35°	全周带坡口部分熔透焊缝＋角焊缝余高补强（允许焊缝根部 2～3mm 未熔合）		角焊缝

图 8-36　崇明体育训练基地
项目屋盖典型相贯节点

该项目支管错综复杂，而且大量节点设计在折弯处，相贯关系难以理清，定位基准很难找准，焊接位置严重受限（图 8-36）。

2. 项目相贯节点焊接工艺

本项目大多数管壁厚≥6mm，且主支管夹角小于 30°，为此在项目焊接工作启动之前，已经按照规范要求完成焊接工艺评定工作。

（1）结合本项目焊接工艺评定的过程经验，首先焊前先对薄壁管相贯节点施焊部位及附近 50～100mm 范围的氧化皮、渣皮、油污等杂质进行处理，显露出金属光泽后，然后使用 YHE71T-1 ϕ1.2 焊丝进行焊接。焊接过程中，焊接电流控制在 260±10％A，电弧电压控制在 27±7％V，焊接速度控制在 25±25％cm/min。实际控制效果良好。

（2）装配过程中，首先在主管定位后，根据管管之间的夹角，合理调整各支管的坡口角度，支管安装时，大口径的管先装，与其相连的次之。装配后的管子再检查焊缝的大小，不能出现间隙过大或者坡口过小的情况。当间隙超过 6mm 时，在内侧加垫板，坡口过小则采用碳刨适当扩大坡口。

（3）焊接开始后，先焊接与主管夹角大、壁厚≥6mm、焊缝等级高的较大支管，后装配焊接与主管夹角小、壁厚薄、焊缝等级低的小支管，并注意各主管之间的相贯焊缝焊接顺序。

（4）防止在定位焊和打底焊时出现变形过大的情况，预先采取措施拉住各个支管；检查各个支管相对主管的角度符合要求后，再打底焊接，打底焊采用磁粉等表面探伤方法以确定是否有主要缺陷存在。填充焊焊接时，采用小电流多层多道焊，每层焊肉不宜过厚，以便焊道内气体逸出熔池，避免形成气孔等焊接缺陷。盖面焊之前应预留 1.5～2mm 盖面余量，以保证焊缝的外观成形。

（5）相贯焊缝焊后探伤，由于相贯线焊缝各区的质量要求不同，其探伤检验要求也有所区别：对于 A 区，当管壁厚≥6mm，按二级焊缝检验；对于 B 区，超声波探伤只作记录、不作评定，重点检测全熔透焊缝的长度及 B 区向 C 区过渡段未焊透情况；对于 C 区，按三级焊缝进行检验。由于超声波检测的局限性，即对于同一个部位的缺陷只能检测到缺陷点距离探头最近的一点，而对于同一部位的深处缺陷难以检测。为此，针对上述问题，要求焊工在对焊缝进行返修时，气刨深度为（$h+5$）mm（其中 h 为探伤所画缺陷深度），气刨宽度适当加宽 5～10mm。

据不完全统计，5 号楼共使用相贯节点 3000 多个，采用上述优化焊接工艺后，有效减少了焊接缺陷，保证了相贯节点的焊接质量。

第 9 章
特殊构件焊接技术

9.1 叠合式大板梁焊接

9.1.1 叠合式大板梁结构简介

大板梁是电厂锅炉钢结构中的主要受力构件。整个锅炉悬挂在大板梁上，通过大板梁荷载传至锅炉主体钢柱上。叠合式大板梁的整根梁由上、下两根焊接 H 形钢梁叠合组成。如图 9-1 所示，大板梁的主要组成有：上梁上翼缘、上梁腹板、上梁叠合面下翼缘、下梁叠合面上翼缘、下梁腹板、下梁下翼缘、上下梁关联隔板及其连接板。

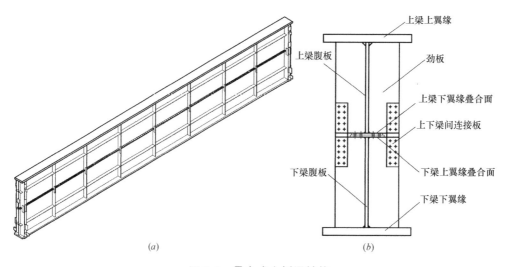

(a)

(b)

图 9-1 叠合式大板梁结构

9.1.2 叠合式大板梁的结构特点和焊接难点

（1）大板梁存在超长、超高、超重，整体制造、安装和运输均不方便的特点和难点，故将大板梁改进为上梁、下梁组成的叠梁结构，并通过中间法兰面的高强度螺栓进行最终装配。例如，国内某电厂 2×1000MW 塔式锅炉发电机组，采用了典型的叠合式大板梁结构，其高 8m，长 45.5m，翼缘板厚 145mm，腹板板厚 50mm，总重约 360t，由上下两根 4m 高的 BH 梁通过叠合面 1300 余组螺栓组合而成（见图 9-1b）。

（2）大板梁在焊接过程中，不仅要控制上下梁同步起拱，也要保证叠合面 1300

余组孔的同心穿孔率及叠合面的密贴度。由于大板梁的制作精度高，变形不易控制，这使得同时保证起拱和密贴度的要求成为叠合式大板梁制作的难点。

9.1.3 叠合式大板梁焊接

叠合式大板梁焊接主要包含超厚板对接、叠合面螺栓锁紧装焊、分中对称退焊、翻身焊接四个方面。

1. 超厚板对接技术

超厚板的对接又分为焊前控制、焊接过程控制和焊后处理三个方面。

（1）焊前控制，主要包含以下几个方面：

1）材料采购：以控制碳当量、减少焊接裂纹倾向为目标，超厚钢材应优先采购焊接性能更为优良的 TMCP 型钢材。

2）材料内部质量检测：材料应进行超声波无损检测，内部质量应满足现行国家标准《厚钢板超声检测方法》（GB/T 2970）的Ⅲ级要求。

3）下料控制：在下料前，应重新检查气割机割炬的火焰垂直度，控制切割边缘垂直度偏差在 2mm 以内；材料下料前的预热能有效减少切割缺陷，对于 145mm 厚超厚板，预热时间不应少于 150s。材料下料结束后，应检查是否有超差的割痕，如有，应及时焊补。

4）表面无损检测：在焊缝剖口表面磨除表面渗碳氧化层后，应 100%MT 检查是否有近表面热裂纹、轧制夹渣，如图 9-2（a）所示。

5）焊缝清理：板材对接前，应及时清理剖口及两侧 100mm 范围内的水、锈、氧化物、油污、泥灰、毛刺及熔渣，如图 9-2（b）所示。

6）反变形设置：材料的焊接收缩易出现角变形，拼接前应预设反变形 2°～3°，可减少焊接过程中的翻身工作。

7）焊接预热：焊接前应对材料进行充分预热，对于 145mm 厚的厚板，应预热至 150℃以上。

（2）焊接过程控制，主要包含以下三个方面：

1）焊接工艺的选用：厚板的焊接优先选用自动焊接技术，提高焊接效率，但考虑埋弧焊 SAW 打底脱渣困难，易造成夹渣，故选用实芯焊丝二氧化碳气体保护焊 GMAW 进行打底焊接，SAW 填充盖面的组合焊接工艺（图 9-2c）。焊接过程应严格依据焊接工艺评定的焊接参数执行，盖面过程则应相应减小焊接电流，提高焊接电压，加快焊接速度，以获得更加美观的焊缝。焊接参数见表 9-1。

<table>
<tr><td colspan="6" align="center">焊接参数技术要求　　　　　　　　　　　　　　　　　　　表 9-1</td></tr>
<tr><td>焊接道次</td><td>焊接方法</td><td>焊材尺寸</td><td>电流（A）</td><td>电压（V）</td><td>焊接速度
（cm/min）</td></tr>
<tr><td>打底</td><td>GMAW</td><td>ϕ1.2</td><td>280～320</td><td>28～32</td><td>35～45</td></tr>
<tr><td>填充</td><td>SAW</td><td>ϕ4.8</td><td>600～680</td><td>28～34</td><td>33～45</td></tr>
<tr><td>盖面</td><td>SAW</td><td>ϕ4.8</td><td>580～640</td><td>30～36</td><td>35～50</td></tr>
</table>

2）层间温度的控制：厚板散热快，在每道焊缝焊接过程中，应使用红外测温枪测量道间温度，控制焊接温度在 150～230℃以内。

3）多层多道焊：多层多道焊工艺能够有效地控制焊缝的热输入量，且具有消氢作用，也能有效地进行细化焊缝和热影响区的晶粒。在减少焊接变形、裂纹倾向的同时，使接头获得更加优良的组织结构。

(a)

(b)

(c)

(d)

图 9-2　厚板对接

(a) 焊前磁粉探伤；(b) 焊前打磨；(c) 厚板埋弧焊接；(d) 退火热处理

(3) 焊后处理，主要包含热处理与探伤要求：

对于大板梁超厚板翼缘的焊缝，焊后应进行退火温度 620℃热处理（图 9-2d），热处理应包含稳定的升温、保温及降温过程，详细的热处理曲线图见图 9-3。热处理过程中，应将电加热片沿焊缝中心纵向布置，覆盖两侧各 150mm 宽度范围以上。保温棉应完全包裹电加热片及其两侧各 200mm 范围以上（正反均需布置），总厚度不小于 60mm，以减少热量的流失。

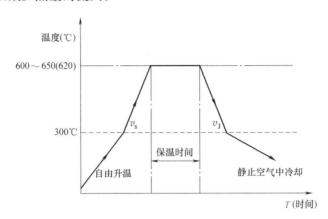

阶段一：温度在达到 300℃ 之前，自由升温；

阶段二：温度处于 300～620℃ 间升温时，每小时升温速率 v_s≤5500℃/板厚毫米数，但最高不超每小时 220℃；

阶段三：温度达到 620℃ 进行保温，保温时间：板厚≤50mm，保温时间 TB＝板厚毫米数/25（h）且不小于 0.5h；当板厚＞50mm 时，保温时间为（150＋板厚毫米数）/100（h）。

阶段四：温度处于 620～300℃ 之间降温时，每小时降温速率 v_J≤7000℃/板厚毫米数，但最高不大于每小时 280℃；

阶段五：温度在降到 300℃ 之后，自由降温（静止空气中冷却或保温棉覆盖缓冷）。

加热期间，加热区任何两点温差≤50℃。

图 9-3　热处理曲线图

在进行焊后热处理前，应先进行 UT 无损检测，确保热处理前的焊接接头无内部缺陷。在焊后热处理冷却至室温后两天，需重新进行焊缝 UT 检测及 MT 检测，确保焊缝无再热裂纹及延迟冷裂纹。

2. 叠合面螺栓锁紧装焊技术

大板梁的上下梁均由板拼 H 形钢组成。常规钢梁的制作工艺为将上梁、下梁本体单独制作，但是各本体各个位置的焊接收缩均不一致，造成叠合面位置的 1300 组孔的同心度难以保证。另外，上下梁焊接后易产生弯曲变形，矫正后起拱度不一致，势必会导致叠合面难以密贴。运用叠合面螺栓锁紧装焊技术能够有效解决这些问题，主要包含以下两个方面：

（1）上下梁同步起拱控制。

1）下料起拱：上梁腹板与下梁腹板，均由数控切割机分段切割而成，每一段的线形根据整体起拱的弧度放样，多段腹板拼接在一起，形成一整块腹板。上梁腹板上侧为弧形起拱凸起，下梁腹板下侧为弧形起拱凹起，如图 9-4 所示。在叠合面位置，上、下梁均为平面，此方式很好地降低翼缘叠合面的密贴难度，同时减少了后续焊接过程中不可控因素对叠合面的影响。

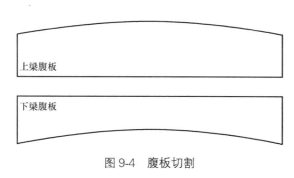

图9-4 腹板切割

2）整体装配：为保证大板梁整体拼装精度，在设置好的水平胎架上（图9-5），以叠合面直投影线为基准，先将叠合面的上梁下翼缘和下梁上翼缘，以及上下梁的腹板固定在胎架上。然后利用侧面胎架及千斤顶，将上梁上翼缘、下梁下翼缘分别装配至上梁腹板、下梁腹板上，装配过程中，应跟随腹板上的弧形起拱线顶紧，保证大板梁最终装配后的拱度。

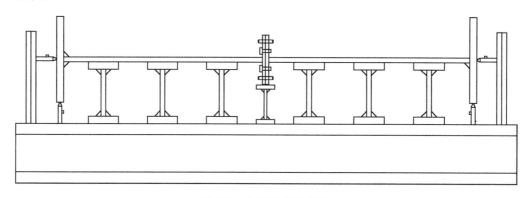

图9-5 大梁组拼示意图

（2）上下梁叠合面群孔同心度保证：

1）法兰面配钻：为保证叠合面组孔同心度，上下叠合面应叠放固定在一起，采用配钻的方式打孔（图9-6）。配钻操作简单，钻孔效率高，精度好，穿孔率契合度高。考虑到大板梁的本体焊缝会导致叠合面长度方向的收缩，所以在钻孔画线过程中，在每档劲板的位置（图9-7）加设少量孔距余量。

2）销钉锁紧防错位：在叠合面之间每3m一档，使用比螺栓孔径小0.5mm直径的销钉固定，这样能保证整个叠合面螺栓孔的同心度。

图9-6 叠合面配钻图

3）螺栓锁紧密贴：在叠合面之间，同样每3m一档，再使用比孔径小1mm直径的螺栓拧紧固定，使整个上、下梁紧紧密贴在一起。

叠合面螺栓锁紧技术作为大板梁制作的核心技术，可以使大板梁在后续本体焊接、劲板装焊、焊后矫正等过程中，到达叠合面整体同步收缩、同步起拱、叠合面孔位同心度及间隙保持不变的目的。

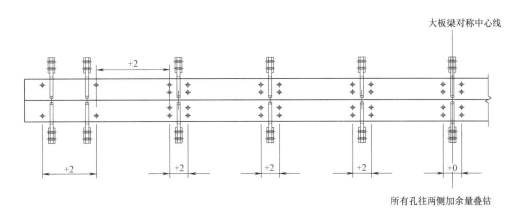

图 9-7 钻孔余量加设

3. 分中对称退焊技术

叠合式大板梁的翼缘和腹板的连接焊缝为本体超长焊缝。为尽量减少大板梁在焊接热胀冷缩出现旁弯、扭曲、腹板鼓包、拱度变化等问题，应尽量减少焊接热输入量，而且保证按规定的焊接顺序进行焊接。

首道焊缝位置，应选择在叠合面（见图 9-8），叠合面两侧焊接热输入量统一，确保焊接过程的焊缝收缩量一致。同时，对叠合面翼腹板先进行焊接先固定，能避免非叠合面本体产生过大的应力，进而对叠合面本体点焊焊缝的影响。

图 9-8 大板梁的焊接

分段对称退焊技术，能够有效地缩小焊缝两端的温度差，同时焊缝热影响区的温度不致急剧增高，减少焊缝热膨胀变形。如图 9-9 所示，每组叠合式大板梁必须采用 4 名焊工从中间向两侧分段对称退焊。

4. 本体翻身焊接技术

为进一步减少焊接变形，更好的限制大板梁的拱度变化，大板梁的翻身焊接不可避免。如图 9-10 所示，大板梁的焊接建议翻身两次，首次翻身前，先完成正面的打

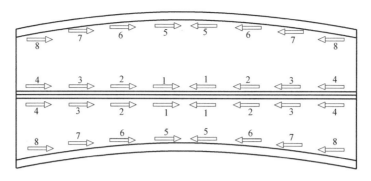

图 9-9　分段退焊顺序

底焊，翻身后完成反面焊缝，最后再次翻身完成正面焊缝的全部焊接。值得注意的是，每次翻身后施焊前，应将叠合面的固定销钉及螺栓重新锁紧，确保叠合面紧密贴合。

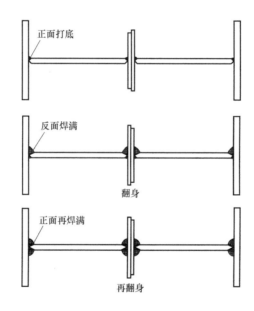

图 9-10　翻身焊接

9.2　高架钢箱梁焊接

9.2.1　高架钢箱梁结构简介

钢箱梁又叫钢板箱形梁，是大跨径桥梁常用的结构形式，因外形像一个箱子故叫作钢箱梁。钢箱梁根据断面箱室的数量，又分为单箱单室钢箱梁和单箱多室钢箱梁。

钢箱梁一般由顶板、底板、腹板、横隔板（这四种部件一般称为主体板）以及纵向加筋组成。其中顶底板纵向加筋有 U 形肋、T 肋和板肋三种形式，腹板纵向加筋多为 T 肋和板肋，横隔板加筋通常为板肋。本体板与加劲肋间通过焊接方式连接为整体，高架钢箱梁典型断面如图 9-11 所示。

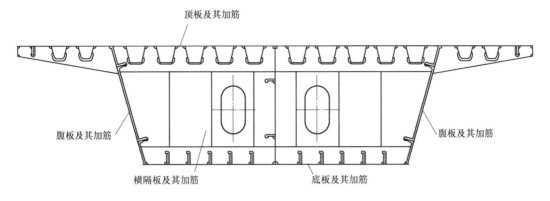

图 9-11 高架钢箱梁典型断面图

横隔板是为保持截面形状、增加箱室刚度而在内部设置的零件。根据横隔板的具体结构类型，细分为实腹式横隔板和空腹式横隔板两种类型。所谓实腹式横隔板，即隔板本体为一整块钢板，其上装配有横向、竖向加筋。实腹式隔板上大都开设有圆形或腰圆形人孔，以方便加工时人员穿行；空腹式隔板多为 T 形加筋组成的封闭式或半封闭式框体结构，其中间的孔洞较大，施工人员穿行更加便利（图 9-12、图 9-13）。

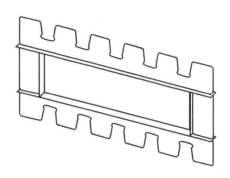

图 9-12 空腹式横隔板

受限于加工设备、运输能力及吊机起重能力的影响，同一联钢箱梁被切分为横向、纵向的小分段，相邻小分段间的连接方式有两种：焊接连接和螺栓连接。目前采用较多的是焊接连接，小分桥段运输至吊装现场后，通过现场焊接完成一整联钢箱梁的架设工作（图 9-14）。

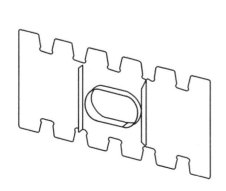

图 9-13 实腹式横隔板

图 9-14 现场桥段吊装图

9.2.2　高架钢箱梁的焊接特点

（1）分段后的箱梁多为单腹板非对称结构形式，焊接热输入量不均匀，造成焊接变形控制难度大。单腹板非对称桥段及双腹板近似对称桥段如图 9-15、图 9-16 所示。

图 9-15　单腹板非对称桥段

图 9-16　双腹板近似对称桥段

钢箱梁通常被划分为横向、纵向分段，这些小段运输至现场进行安装作业。受多种因素的影响，其分段大多为不规则、非对称结构形式。这种结构形式的不对称性，使得在实际焊接作业中无法完全做到对称施焊，势必带来焊接时单个桥段热输入量的不均匀，加之钢箱梁分段趋于更长、更宽、更高，很容易造成桥段的扭曲变形。

（2）钢箱梁板薄、内部零部件多、焊接量大、焊接应力控制难。

高架钢箱梁本体板一般较薄，通过本体板上各种类型的加筋增强其整体刚度和强度，常见钢箱梁板厚见表 9-2。

常见钢箱梁零件板厚　　　　　　　　　表 9-2

零件部位	顶板	底板	腹板	隔板	顶板U肋	底板纵肋	腹板纵肋	隔板加筋
设计板厚（mm）	16	16/20	14	12/16/20	8	12(T肋)20(板肋)	14	10/12

从以上本体板与零件板搭配情况可以看出，无论是本体板还是零件板，多为薄板，而薄板无论是在拼板过程还是在零件间焊接过程中，焊接热输入都会造成明显的变形。

桥本体板上有各种各样的加筋，尤其是纵向板肋、T肋、U肋加筋，其密度大、焊缝长，大量的焊接作业导致本体板产生较多的焊接应力。横隔板单元中的横向、竖向加筋，尤其是不对称加筋，也会带来横隔板较大的焊接应力。这些焊接应力带来的焊接变形控制，是一个棘手的难题。

（3）支座位置钢板厚、各种加筋密布、空间狭小且焊接要求高，焊接难度大。

钢箱梁在桥墩位置存在由桥底板处钢垫板对应的各类加筋和隔板组成的支座加筋体系，支座加筋体系所在位置作为钢桥主要承载部位，是钢箱梁的重要节点之一。该节点区域不仅本体板、隔板及零件板板厚明显增加，在隔板间往往还会增加相应的支座加筋板，导致大量的加筋布置在狭小的空间。而且，该区域内部通风差，焊接所形成的烟雾无法自然排出，使得该区域焊接更加困难。

9.2.3　高架钢箱梁焊接

1. 焊接材料的选择

不同牌号的钢材匹配不同型号的焊材，焊接材料熔敷金属的力学性能不应低于相应母材标准的下限值或满足设计文件要求。根据钢箱梁的结构特点和受力情况、母材的力学性能和化学成分，参照现行国家标准《钢结构焊接规范》（GB 50661—2011）中表 7.2.7 常用钢材的焊接材料推荐表选择匹配型号的焊材，同时结合国内公路桥涵、铁路钢桥制造的经验，初步拟定焊接材料，见表 9-3。

钢材对应焊材匹配表　　　　　　　　　　表 9-3

母材	焊接材料			
桥梁用 结构钢	焊条电弧焊 SMAW	实芯焊丝 气体保护焊 GMAW	药芯焊丝 气体保护焊 FCAW	埋弧焊 SAW
Q345q Q370q	GB/T 5117：E50XX GB/T 5118： E5015、16-X E5515、16-X	GB/T 8110： ER50-X ER55-X	GB/T 10045： E50XTX-X GB/T 17493： E50XTX-X	GB/T 5293： F5XX-H08MnA F5XX-H10Mn2 GB/T 12470： F48XX-H08MnA F48XX-H10Mn2A
Q420q	GB/T 5118： E5515、16-X E6015、16-X	GB/T 8110： ER55-X ER62-X	GB/T 17493： E55XTX-X	GB/T 12470： F55XX-H10Mn2A F55XX-H08MnMoA

2. 钢箱梁非对称结构焊接变形工艺控制

（1）焊接方法选择

焊接方法对桥段焊接残余应力及焊接变形影响很大，在非对称结构形式钢箱梁装配成形后，选择线能量小的 CO_2 气体保护焊，匹配最佳焊接电流、电压参数，减小单位时间内的热输入量，从而降低因受热不均匀造成的变形。

（2）焊接坡口角度控制

钢箱梁零件板间的焊缝，除本体焊缝及支座加筋体系处为熔透焊缝外，其余零件间多为角焊缝。其中腹板与顶底板间的焊缝有垂直 T 接和斜 T 接两种形式（图 9-17、图 9-18），在确定斜 T 接坡口角度时，必须根据实际放样结果确定最终角度，确保坡口根部满足焊接可视条件。同时为了控制填充量和焊接收缩变形，坡口角度在满足可视条件下也不宜过大，一般在焊接可视的角度基础上增加 5°即可。若可视条件的坡口角度已经超过了规范要求的最小角度，则可不加。

（3）增加焊接拘束条件

拘束条件能有效的控制焊接变形，常规采取的马板临时束缚，或结构自身的束缚，对减小焊接变形的作用非常明显。尤其对于非对称结构形式的钢箱梁，增加焊接拘束条件能弥补非对称焊接变形这一缺陷。

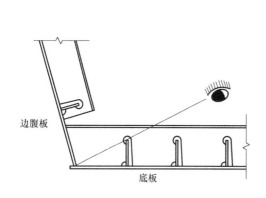

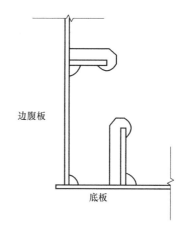

图 9-17　腹板、底板斜 T 接示意图　　　　图 9-18　腹板、底板垂直 T 接示意图

　　如单腹板钢箱梁桥段，其断面为敞口结构，稳定性本身就差，又因腹板与顶底板的本体熔透焊缝集中在箱体的一侧，不均匀焊接更加剧了焊接变形。采取增加焊接拘束条件的方式，在敞口位置增加斜撑或垂直支撑（图 9-19、图 9-20），能有效减小该结构类型的焊接变形。

图 9-19　单腹板箱梁示意图

图 9-20　单腹板箱梁增加支撑约束示意图

　　对于顶底板分段位置距离腹板很近的箱梁，分段位置处的腹板与顶底板焊接后会因焊接收缩造成缩口，高度向尺寸变小。而且，因顶底板伸出腹板距离太短，变形后该位置刚度很大，矫正非常困难，且矫正效果不理想。对于该处位置的焊接变形，理想的控制方式为通过增加焊接拘束条件，在腹板与顶底板接触位置每隔一段距离增加一档防变形卡码，限制焊

接收缩带来的变形，效果显著（图 9-21）。

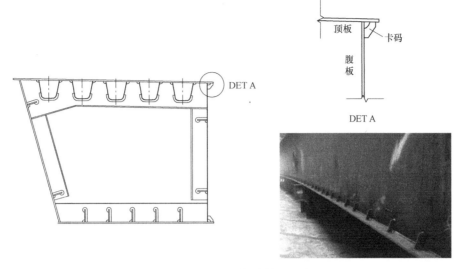

图 9-21　局部加强焊接约束示意图

（4）施焊顺序控制。

横隔板与腹板、顶底板组成 U 形框架后，首先要完成隔板与腹板的立焊，而后完成隔板与底板的横向焊缝，最后完成腹板与顶底板间的熔透焊缝。当隔板与腹板的竖向焊缝完成后，形成自约束，限制隔板与底板纵向焊接变形。又因腹板与顶底板间的焊缝较长，在焊接时应从中间向端头对称、分段退焊。

3. 钢箱梁板薄、焊缝多而密、焊接应力大焊接工艺控制

为了避免钢箱梁加工时大量集中的焊接及矫正工作，实际操作时根据钢箱梁的结构特点，将其拆分为顶底板单元、腹板单元、横隔板单元、挑臂 T 排单元等若干单元体，分别进行加工制造（图 9-22～图 9-25）。

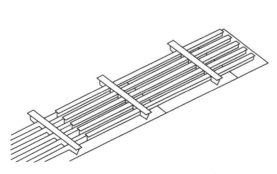

图 9-22　顶底板单元

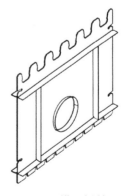

图 9-23　横隔板单元

板单元加工时，也需要采取相应的措施来控制、减小焊接变形。其中顶底板单元和腹板单元加工时，可在非结构面预制反变形，在反变形胎架上进行多枪头船形位置施焊（图 9-26），当完成筋板一侧焊缝后，旋转反变形胎架进行另一侧焊缝的焊接工作。横隔板单元中的加筋一般为左右、前后对称布设，在进行筋板焊接时，应优先完成竖向筋板焊缝，再完成横向筋板焊缝，焊接时宜对称施焊。

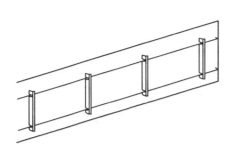

图 9-24　腹板单元

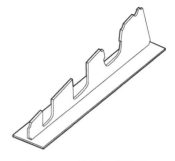

图 9-25　挑臂 T 排单元

图 9-26　板单元生产线

4. 支座加筋体系焊接工艺控制

支座垫块对应的箱梁支座加筋体系（图 9-27），内部空间狭小，焊接质量要求高。为了保证该处的焊接质量和桥段尺寸，在正式装配、施焊前，要分析不同零件装配后对相邻零件焊接是否造成影响。在很多情况下，如果该体系内部零件施焊前全部装配到位，则部分零件无法施焊。所以在正式装配零件前，为了实现所有焊缝焊接作业的可操作性，必须提前考虑零件的装配顺序。

在确定合理的零件装配顺序后，部分零件还是会因为施焊空间过小而无法实现双面焊接，此时则通过贴衬垫的方式实现单面焊接双面成形。因该处加筋较厚，采用单面焊接双面成形时，要严格控制坡口大小及坡口间隙，从而控制焊缝金属填充量，减小热输入量的大小，最终控制该处的焊接变形（图 9-27）。

图 9-27　支座加筋体系装配示意图

9.3　高架钢质防撞墙焊接

9.3.1　高架钢质防撞墙结构简介

防撞墙多见于城市桥梁、跨江跨海大桥以及重要道路两侧，其作为防撞措施能有效减少交通事故对司乘人员及行人造成的伤害，是道路交通的重要组成部分（图 9-28、图 9-29）。与传统的混凝土防撞墙相比，钢质防撞墙不仅绿色环保，且具有质轻、高强、缓冲性能好、可与钢桥一体化施工、安装方便快捷等优势，符合我国绿色建筑发展理念和可持续发展要求。这些明显的优势，使其在高架钢桥中的应用范围不断扩大，大有替代传统混凝土防撞墙的趋势。

图 9-28　S26 公路入城段　　　　　　图 9-29　中兴路下匝道钢质防撞墙
新建工程钢结构防撞墙

高架钢质防撞墙底部与钢桥挑臂位置的顶板焊接为一体，虽然不同工程的钢质防撞墙并不完全一样，但根据它们的结构特点，可以将结构统一划分为外侧面板、内侧面板、顶部结构、内隔板、内部穿管、路灯背包、交安背包几个组成部分。

通常情况下，钢质防撞墙与混凝土防撞墙外形轮廓相同或相似，内侧面板存在两道折弯，外侧面板存在一道或多道折弯，顶部结构为钢板或 U 形两种结构形式。几种常见的钢质防撞墙断面轮廓如图 9-30 所示。

图 9-30 所示的钢质防撞墙，其顶部均为 U 形型材，下部将钢桥挑臂的边封板"包围"，构成一种"半环抱"的结构形式，且内侧面板均存在两道折弯。这两种类型的钢质防撞墙比较明显的区别在于外侧面板，图（b）中所示的防撞墙，外侧面板除了接近底部位置存在轻微的折角外，其余位置均平直。图（a）所示的防撞墙，外侧面板存在多达 4 处折弯，造型独特而复杂。

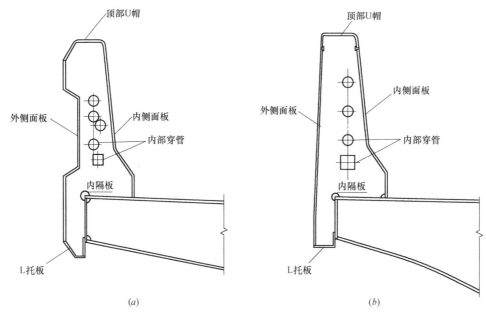

图 9-30 钢质防撞墙断面轮廓示意图（一）

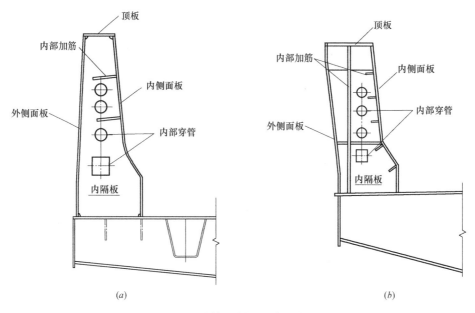

图 9-31 钢质防撞墙断面轮廓示意图（二）

　　图 9-31 所示的钢质防撞墙，其顶部均为板条，直接装配于防撞墙上部，与内外侧面板角接。其下部直接"坐"在钢桥挑臂位置的桥板上，与挑臂边封板不存在连接关系。内侧面板均存在两道折弯，外侧面板存在一道或两道折弯。这两种类型的钢质防撞墙比较明显的区别在于其内隔板及内侧面板的加筋形式不一样，图（b）中所示的防撞墙抗冲击能力更强。

　　路灯及交通指示牌，作为城市道路交通不可或缺的一部分，在城市高架中显得尤为重要。因高架高程较一般道路明显要高，恶劣天气对道路照明系统及交通指示标志造成的危害更大，所以钢质防撞墙路灯背包及交安背包的承载设计等级要高于常规。作为防撞墙重要的组成部分，路灯背包及交安背包的结构形式会随着高架所处的地理位置、交通通行量的不同而不同。

9.3.2　高架钢质防撞墙的焊接特点

钢质防撞墙由于其壁薄、内部结构复杂、外观质量要求高等特点，故其焊接存在以下特点与难点：

（1）防撞墙外形轮廓复杂，内外侧面板和顶部结构存在多处折弯，且受到钢桥平面弧形及桥面纵横坡的影响，在其折弯的基础上，还要进行复杂的弯弧处理。这种复杂的外形轮廓是无法通过一张钢板的折弯实现的，故加工时将整个面板划分为内外侧面板、顶部结构、底部托板等零部件。采取断开方式，每个单独的零部件可以通过折弯实现设计的外形轮廓，待所有零件加工完成后通过焊接组合为整体，从而得到图纸要求的外形轮廓（图9-32）。

面板划分的部件数量越多，拼接缝也就越多，而且内侧或外侧面板为了实现其与隔板的焊接而被设计为小块嵌补，带来长度向大量的拼缝，极易产生焊接变形。

（2）钢质防撞墙面板板厚较小，通常在10mm左右，而内部隔板板厚通常大于防撞墙面板，隔板与面板之间角焊缝焊接完成后，会产生明显的焊接痕迹且隔板设置间距小，焊接集中，很容易造成两档隔板间的面板内凹或外凸。

图9-32　钢质防撞墙外侧面板嵌补示意图

（3）背包位置处的隔板间距变小，隔板加筋增多，板厚加大且焊接要求提高。对于设置有交通指示牌或道路监控设施的交安背包位置，其结构形式更为复杂，内部横向、纵向筋板密布，施焊空间非常狭小，焊接量大且要求高，施焊困难。

（4）受限于现场施工条件，通常钢质防撞墙同钢桥焊接为一体出厂，从而实现整体安装，以便缩短施工周期，保证工程质量。但受运输尺寸的限制，加工时常将钢桥的挑臂单独纵向分段，钢质防撞墙与挑臂焊接为整体出厂（图9-33、图9-34）。

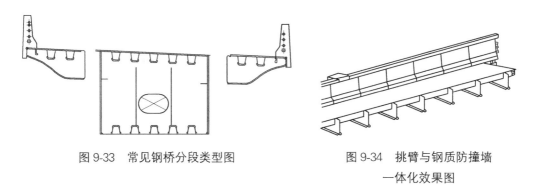

图 9-33　常见钢桥分段类型图　　　　图 9-34　挑臂与钢质防撞墙
　　　　　　　　　　　　　　　　　　　　　　　一体化效果图

　　挑臂分段的宽度因项目的不同有所区别，挑臂纵段的宽度在 1.5～2.0m，而钢质防撞墙底部宽度约 0.5m，且焊接集中在挑臂的一侧，焊接过程中不均匀的热量输入，会造成挑臂旁弯甚至扭曲变形，矫正工作量大且矫正困难（图 9-35）。部分钢桥的挑臂宽度只有 1m 宽，防撞墙底部宽度达到挑臂宽度的一半，在纵段中心线单侧的焊接工作带来的挑臂变形会更加明显。

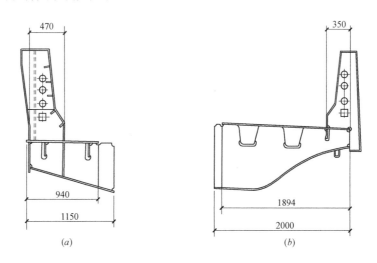

(a)　　　　　　　　　　　　　　　　(b)

图 9-35　不同宽度的钢桥挑臂及其防撞墙

9.3.3　高架钢质防撞墙焊接

　　（1）防撞墙面板因断面轮廓及线形加工要求，被划分为若干部分分别进行加工。在进行整体装配焊接时，为了有效控制面板变形及防撞墙零部件焊接中带来的挑臂变形，要按照特定的装配顺序和规定的焊接参数操作。

　　1）焊接过程中将焊接电流、电压按照规定范围的下限值设定，严格控制焊接参数，避免短时间内过大的热输入。

　　2）隔板、面板与桥面焊接时采取对称施焊且由桥长中间向两边行进。

　　3）制定针对性的装配和焊接顺序，为了避免防撞墙面板对接焊缝焊接时收缩造成挑臂旁弯，防撞墙面板必须在横向对接缝焊接完以后，方能焊接竖向对接缝。这样操作能提高防撞墙整体刚度，其自约束能力增强，可有效减小对接缝焊接过程对挑臂造成的影响。

（2）为了解决隔板焊接后带来的面板凸痕，对焊接材料、焊接手法、焊接参数等因素进行了多项组合试验。焊接工艺试验结果显示，当采用直径为 1.2mm 的实芯焊丝，22V 电压、130A 的小电压、小电流组合方式，而且将焊脚尺寸控制在 5～6mm 时，隔板焊接并矫正后在面板上遗留的痕迹最小，即便在反光条件下也几乎看不出焊接后的痕迹，能满足防撞墙高等级的外观质量要求（图 9-36、图 9-37）。

图 9-36　焊接试验实施现场图 　　　　　　　图 9-37　面板焊接变形测量点位图

（3）交安背包位置的焊接，施焊前必须考虑先装的零件对后装零件焊接的影响，要保证后装零件不会对已装零件间的焊接造成影响，如有影响，则必须装配一块焊接一块，不得集中装配集中焊接。对于空间非常狭小施焊困难或无法清根的部位，要选取空间相对大的一侧进行衬垫焊接，单面焊接双面成型。个别位置形成焊接死角的，可在征得设计同意的前提下，开设手孔完成焊接作业。

（4）因防撞墙与挑臂一体化加工造成的挑臂变形，可通过增强挑臂本身的刚度，同时利用左右侧挑臂上的防撞墙焊接时变形自约束，降低焊接后的挑臂变形。

具体实施措施为：加强防撞墙胎架本身的刚度及与基础连接可靠，将钢桥左右侧的挑臂置于同一个胎架体系内，并将左右侧的挑臂通过钢板或型材临时连接为整体（图 9-38）。一方面通过胎架约束挑臂变形，另一方面通过左右侧挑臂相反方向的焊接变形相互约束和抵消，进一步减小了焊接变形。

钢质防撞墙焊接完成后，在解除

图 9-38　挑臂临时连接措施

挑臂与胎架、左右侧挑臂之间的约束之前，采取锤击的方式，在防撞墙面板与挑臂面板间纵向焊缝附近敲打，减少焊接残余应力。

9.4 悬索结构大截面箱形构件（压力环）焊接

9.4.1 悬索结构特点

悬索结构是由柔性受拉索及其边缘构件所形成的承重结构，主要应用于建筑工程和桥梁工程。其索的材料可以采用钢丝束、钢丝绳、钢绞线、链条、圆钢，以及其他受拉性能良好的线材。悬索结构广泛用于桥梁结构，用于房屋建筑则适用于大跨度建筑物，如体育建筑（体育场、游泳馆、大运动场等）、工业车间、文化生活建筑（陈列馆、杂技厅、市场等）及特殊构筑物等。

悬索按受力状态分成平面悬索结构和空间悬索结构：

（1）平面结构：主要在一个平面内受力的平面结构，多用于悬索桥和架空管道。按结构形式分为单层悬索结构加劲式、单层悬索结构和双层悬索结构。

（2）空间悬索结构：是一种处于空间受力状态的结构，多用于大跨度屋盖结构中。按结构形式分为圆形单层悬索结构、圆形双层悬索结构和双向正交索网结构。

卡塔尔基金体育场（图 9-39）钢屋盖采用了双向正交张拉索网结构体系。压力环结构如图 9-40 所示，环向总长度约 800m，由 56 段截面 1200mm×1400mm 箱形结构组成，单个长度约 12.45m，单段重量约 30t，各分段用法兰连接。

图 9-39 卡塔尔基金体育场效果图

9.4.2 压力环钢结构焊接特点

（1）高强度钢焊接难度大。压力环箱体材料采用欧标低合金高强度细晶粒结构钢 S460N 正火钢板，板材厚度 25～60mm。S460N 钢通过正火工艺强化，钢的强

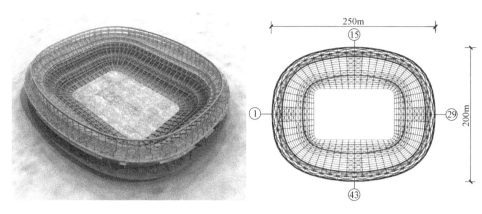

图 9-40 卡塔尔体基金育场压力环结构

度进一步提高，由于快速冷却时，材料中碳的扩散受阻，碳在微观和宏观上应力变化导致材料的屈服强度也会进一步提高，碳含量和冷却速度不一致将会导致材料的韧性下降。另外，钢材中 V（钒）、Nb（铌）、Cr（铬）、Cu（铜）等合金元素在焊接过程中会与 C（碳）、N（氮）元素形成碳氮化合物，在焊接过程中焊接高温时间越长，热影响区将出现粗晶粒及上贝氏体，导致韧性下降和时效敏感性增大，会增加氢致延迟裂纹的倾向，需控制预热、层间温度、后热和选择合适的填充材料来预防。

（2）厚板焊接变形控制难度大。压力环采用法兰连接，要求贴合面 75％ 以上面积贴合，间隙不大于 0.3mm。法兰板厚度 60mm，与之焊接连接的本体板厚度最大为 50mm，焊接坡口采用 K 形坡口 PP 焊缝等强焊接，法兰板的变形控制难度极大。压力环端板节点构造及焊接要求如图 9-41 所示。

9.4.3 压力环焊接

1. 焊接材料选择原则

焊接接头的性能取决于焊材的选择。焊材选用时，主要考虑材料的焊接性、工艺性及经济性。焊接材料选用原则如图 9-42 所示。

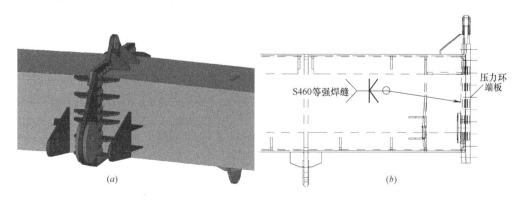

(a)   (b)

图 9-41 压力环端板节点构造及焊接要求示意

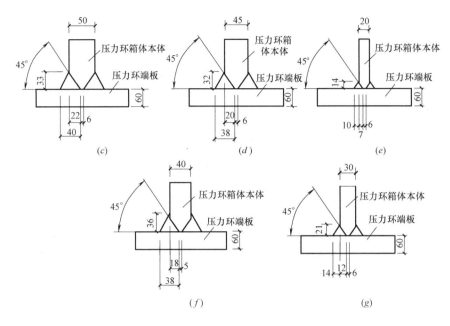

图 9-41　压力环端板节点构造及焊接要求示意（续）

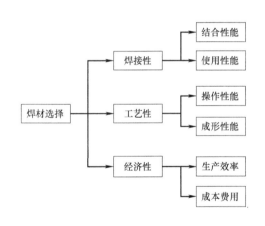

图 9-42　焊接材料选择原则

2. 焊接材料选用

根据压力环箱梁特点，在综合考虑焊接质量、焊接速度、操作方便程度、是否可以全位置焊接等因素，确定采取两种焊接方法进行焊接，分别是半自动药芯焊丝二氧化碳气体保护焊和埋弧焊两种焊接方式。

（1）材料性能。

此部分结构材料为 S460N，符合欧标 EN10025 的低合金高强度细晶粒结构钢，其材料性能与国标 GB/T 1591 中 Q460 性能接近。低温韧性较好，经过正火细化晶粒热处理后，材料可焊性能更为优越。材料性能见表 9-4。

压力环结构材料性能　　　　　　　表 9-4

欧标 EN10025 S460＋N 化学成分													
碳当量厚度≤63(mm)，CEV_{max}＝0.53　碳当量厚度 63～100(mm)，CEV_{max}＝0.54													
碳 (C)	硅 (Si)	锰 (Mn)	镍 (Ni)	磷 (P)	硫 (S)	铬 (Cr)	钼 (Mo)	钒 (V)	氮 (N)	铌 (Nb)	钛 (Ti)	铝 (Al)	铜 (Cu)	碳当量 CEV
max 0.2	max 0.6	1～ 1.7	max 0.8	max 0.003	max 0.026	max 0.3	max 0.1	max 0.2	max 0.026	max 0.06	max 0.06	max 0.02	max 0.55	max 0.55

续表

机械性能 S460N(1.8901)							
厚度(mm)	0～100		100～200				
抗拉强度 R_m(MPa)	540～720		530～710				
厚度(mm)	0～16	16～40	40～63	63～80	80～100	100～150	150～200
屈服强度 R_{eH}(MPa)	460	440	430	410	400	380	370
冲击 KV(J)(+N)	+20℃,55	0℃,47	-0℃,43			-20℃,40	
冲击 KV(+N)	+20℃,31	0℃,27	-0℃,24			-20℃,20	

(2) 焊接填充材料选择时尽量避免焊缝金属强度高于母材,宜采用等强匹配、焊接性能稳定、低氢原则进行选择。另外,焊接金属的合金成分与强度应基本上与母材相应指标一致或应达到产品技术条件提出的最低性能指标。

1) CO_2药芯焊丝:ISO 17632-A-T463 1.5NiPC 1H10 钛型渣系 CO_2 药芯焊丝,其具有焊接工艺性能佳、电弧稳定、飞溅少、脱渣容易、焊缝具有良好的塑性和低温韧性等优点,同时适用于 550MPa 级别钢材焊接。CO_2 药芯焊丝化学成分及机械性能见表 9-5。

药芯焊丝化学成分及性能参数　　　　　　　　　　表 9-5

药芯焊丝 熔敷金属化学成分(质量分数)(%)								
化学元素	碳(C)	锰(Mn)	硅(Si)	硫(S)	磷(P)	镍(Ni)	铬(Cr)	钼(Mo)	钒(V)
标准值	≤0.15	0.50～1.75	≤0.80	≤0.030	1.00～2.00	≤0.18	≤0.15	≤0.35	≤0.05
实测值	0.05	1.35	0.35	0.008	0.017	1.45	—	—	—

药芯焊丝 熔敷金属力学性能				
项目	抗拉强度 R_m(MPa)	屈服强度 R_{el}(MPa)	断后伸长率 R_m(MPa)	-30℃冲击功 KV_2(J)
标准值	550～690	≥470	≥19	≥27
实测值	580	495	28	100

2) 埋弧焊丝:ISO14171-A-S46 2AB SZ3Mol 是镀铜低合金高强钢埋弧焊丝;SAAB1 是氟碱性烧结型焊剂,具有优良的焊接工艺性能,电弧燃烧稳定,焊缝成形美观,脱渣容易,焊缝具有较高的冲击韧性及高效加工效率,适用于 550MPa 级钢材焊接。埋弧焊丝化学成分及机械性能见表 9-6。

埋弧焊丝化学成分及性能参数　　　　　　　　　　表 9-6

埋弧焊丝熔敷金属化学成分(质量分数)(%)								
化学元素	碳 (C)	锰 (Mn)	硅 (Si)	硫 (S)	磷 (P)	铬 (Cr)	镍 (Ni)	钼 (Mo)	铜 (Cu)
含量	0.080	1.30	0.20	0.008	0.011	0.023	0.020	0.50	0.20
熔敷金属	0.060	1.52	0.40	0.006	0.017	0.060	0.080	0.42	0.22

埋弧焊丝熔敷金属力学性能：

项目	抗拉强度 R_m（MPa）	屈服强度 R_{el}（MPa）	断后伸长率 R_m（MPa）	−20℃冲击功 KV_2（J）	备注
标准值	550～740	≥470	≥20	≥27	
实测值	650	560	24	85	焊态
	630	545	27	100	620℃×1h

3. 焊前预热

不同材质、不同厚度的构件在焊接前应按照规范要求进行预热，防止根部裂纹的产生。为减少焊接残余应力及母材淬硬倾向，防止冷裂纹产生，改善焊缝性能，母材焊接前必须进行预热。预热采用电加热和火焰加热两种方式，火焰加热仅用于个别部位且为电加热不宜施工之处，并应注意均匀加热。电加热预热温度由热电仪自动控制，火焰加热用测温笔在离焊缝中心 50mm 的地方测温。预热要求见表 9-7。

焊接预热温度选择 　　　　　　　　　　　　　　　　表 9-7

母材厚度 t(mm)　母材牌号	$t≤10$	$10<t≤20$	$20<t≤40$	$40<t≤60$	$t>60$
S460N	≥20℃	≥60℃	≥80℃	≥100℃	≥150℃

（1）加热范围：应覆盖焊缝两侧各 50mm 以上。

（2）测温方法：用红外线点温计，在加热面的反面测温。如受条件所限需在加热面测温，应在停止加热时进行。测温时，应以在焊道中心两侧各 50mm 处的温度为准。

4. 定位焊

定位焊缝因位于坡口或接头焊缝底部且成为低层焊缝的一部分，其焊接质量对整体焊缝质量有直接影响，尤其是厚板施焊过程中最容易出现问题。原因是厚板在定位焊时，定位焊处的热量向三维方向传输迅速，容易造成局部过大的应力集中，引发裂纹的产生。解决的措施是，厚板在定位焊时提高预热温度，加大定位焊缝长度和焊脚尺寸。定位焊的焊脚尺寸不应大于焊缝设计尺寸的 2/3 且不大于 8mm，但不应小于 4mm。定位焊尺寸要求见表 9-8，定位焊示例如图 9-43 所示。

定位焊尺寸要求 　　　　　　　　　　　　　　　　表 9-8

母材厚度 t（mm）	定位焊尺寸(mm)	
	焊缝长度	焊缝间距
$t≤20$	50～60	300～400
$20≤t≤40$	50～60	300～400
$t>40$	60～80	500～600

5. 引（熄）弧板设置

为减少焊接缺陷，保证焊接质量。凡对接焊缝、H 形钢主焊缝、箱形构件主焊缝等都应添加引（熄）弧板。引（熄）弧板应采用与焊接母材同坡口、同板厚加放原则。引（熄）弧板材质、坡口形式与母材一致，背面清根时引（熄）弧板应与主焊道一起清根，长度不应小于引弧长度。

图 9-43　定位焊示例

埋弧焊焊缝引出长度应大于 80mm，其引（熄）弧板宽度为 120mm，长度为 150mm；手工焊、气保焊焊缝引出长度应大于 25mm，其引（熄）弧板宽度为 60mm，长度为 50mm。

焊接完毕后，引（熄）弧板应采用气割切除，为防止气割损伤母材，气割切除时应保留引（熄）弧板根部 2～3mm，打磨清除，严禁锤击去除。引（熄）弧板装配点焊位置见表 9-9，安装实例如图 9-44 所示。

引（熄）弧板设置原则　　　　　　　表 9-9

接头形式	安装方法示例
T 形接头（角焊缝、组合角焊缝）	
T 形接头（背面清根）	
对接接头（背面清根）	
对接接头（带垫板）	

续表

接头形式	安装方法示例
角接接头 （开坡口）	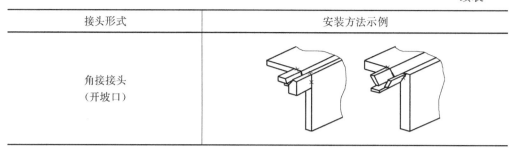

图 9-44 引（熄）弧板装配实例

6. 焊接参数选择

焊接线能量与焊接变形成正比，焊接线能量越大则焊接时产生的塑性变形区面积越大，焊后的焊接变形越大，反之，则越小。药芯焊丝气体保护焊（FCAW）参数选择见表 9-10，埋弧焊（SAW）焊接参数选择见表 9-11。

药芯焊丝气体保护焊（FCAW）参数选择　　　　　　　表 9-10

焊接道次	焊接方法	焊材尺寸	电流(A)	电压(V)	焊接速度(cm/min)
打底	FCAW	$\phi1.2$	250～270	26～28	20～30
填充	FCAW	$\phi1.2$	230～250	23～25	20～30
盖面	FCAW	$\phi1.2$	260～280	26～28	20～30

埋弧焊（SAW）焊接参数选择　　　　　　　表 9-11

焊接道次	焊接方法	焊材尺寸	电流(A)	电压(V)	焊接速度(cm/min)
打底	SAW	$\phi4.8$	610～710	30～34	44～59
填充	SAW	$\phi4.8$	610～710	30～34	44～59
盖面	SAW	$\phi4.8$	610～710	30～34	44～59

7. 焊接应变与应力的控制与消减

（1）焊接过程中应变和应力的产生。

构件在焊接过程中产生瞬时应力，焊后产生残余应力，并同时产生残余变形。焊接残余变形是影响焊接质量的主要因素，也是破坏性最强的变形类型。焊接残余应力和焊接变形会严重影响焊接结构的制造加工及其使用性能。焊接残余应力会降低焊接接头的抗脆断能力及疲劳强度等，焊接变形在制造过程中也会影响焊接结构的形状和尺寸的精度、接头的安装偏差及坡口间隙，使制造过程更加困难，当出现问题时还需采取一些费时耗资的附加工序来进行弥补，不仅增加成本，还可能出现由此工序带来的其他不利因素。

在实际生产制作过程中，对于焊接变形的控制受到广泛的重视，但是如果仅仅采取增大被焊构件的刚性来减小变形，便容易导致瞬时应力和焊接残余应力的增加，从而导致构件在拉应力作用下容易出现裂纹。即使未产生裂纹，残余应力在结构受载时内力均匀化的过程中也会导致构件失稳、变形甚至破坏。因此需要在生产制作过程中综合考虑焊接应力和应变的问题。

（2）钢结构焊接变形的控制。

影响钢结构焊接变形的主要因素包括焊缝的布置、装配和焊接顺序、结构刚性。

1）焊接应变及变形控制。在焊接结构刚性无法改变时，应充分考虑合理的焊接顺序编排及焊缝布置。

焊缝若沿构件截面分布不对称，则会导致该构件焊接时产生弯曲变形。在结构或组合构件的装配和进行部件连接时，以及将加强部件焊于构件时，应采用合理工艺与顺序，减少变形与收缩。

如压力环主焊缝焊接时，采用翻身对称施焊，以控制焊接变形，焊接总体顺序如图 9-45 所示。

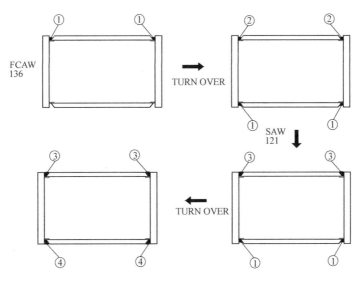

图 9-45　压力环箱体总体焊接顺序示意

压力环箱形构件主焊缝采用二氧化碳气保焊进行打底，埋弧焊盖面焊接。减少埋弧焊接量，防止热输入量过大。二氧化碳气体保护焊焊接时，采用先自腹板中心线左右两侧 1/4 板长处交错焊接，避免局部热输入量过大造成焊接变形。焊接顺序如

图 9-46所示。

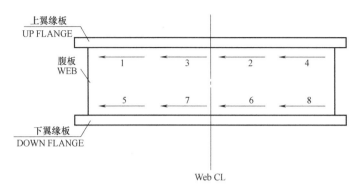

图 9-46　压力环箱体主焊缝焊接顺序示意

2）厚板焊接变形控制措施。

压力环箱形板材厚度为 25mm、40mm、50mm，法兰板厚为 60mm。焊接难度远大于一般厚度的钢板。板焊接有如下特点及难点：钢板在厚度方向的延伸率往往较差，因此，在大的焊接应力的作用下，钢板可能产生层状撕裂；由于厚钢板焊接时构件的拘束度大，焊缝金属冷却速度快，焊缝内应力将明显高于普通厚度钢板的焊接，焊缝容易产生冷裂纹。

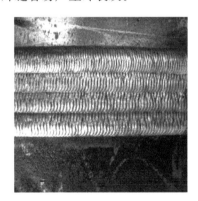

图 9-47　多层多道焊缝形式

在厚板焊接时，应坚持多层多道焊的原则，严禁大幅度摆动焊接。宽道焊接时母材对焊缝的拘束应力较大，焊接变形大，焊缝局部温度过高导致焊缝晶粒粗大，焊缝强度、韧性急剧下降，容易引起开裂及延迟裂纹。多层多道焊的优点：上一层次焊道对下一层次进行了有效的热处理，改变了焊接接头的应力应变分布状态，提高了焊接接头的综合性能指标。多层多道焊缝形式如图 9-47 所示。

压力环法兰板焊接采用多层多道焊接，焊接过程中严格控制焊接参数、焊接顺序。每一焊道完工后应将焊渣清除干净，并仔细检查和清除缺陷后再进行下一层的焊接。每层焊缝始终端接头应相互错开不小于 50mm。层间温度必须保持与预热温度一致，每道焊缝一次施焊中途不可中断。焊接过程中采用边振边焊及适当的火焰加热技术或锤击消除焊接应力。焊接过程要注意控制每道焊缝的宽深比在 1.3～2 之间。通过火焰矫正及焊接变形控制，保证法兰贴合面间隙控制在 0.3mm。压力环法兰板焊接顺序如图 9-48 所示。

3）焊后火焰矫正。

火焰矫正对材料性能影响主要取决于火焰温度及冷却速度。火焰温度大于 700℃时，材料中部分奥氏体化，在快速冷却过程中奥氏体组织区域将会出现马氏体，这样将会造成局部位置组织碳的富集，造成局部组织淬硬和韧性下降。所以，对于 S460

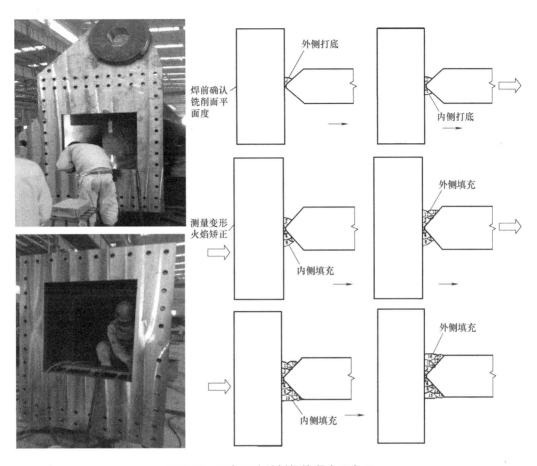

图 9-48　压力环法兰板焊接顺序示意图

级高强度钢火焰矫正温度应按图 9-49 所示温度区间进行操作。

钢材交货条件	最大推荐火焰矫正温度		
	短期 表面加热	短期 全厚度加热	长期 全厚度加热
正火钢(N)	≤900°C	≤700°C	≤650°C
正火轧制钢(+N)	≤900°C	≤700°C	≤650°C
热机械轧制钢(TM) 强度等级:S460以下	≤900°C	≤700°C	≤650°C
热机械轧制钢(TM) 强度等级:S500-S700	≤900°C	≤600°C	≤550°C
调质钢(QT)	调质钢加工时退火温度降低20°C,通常情况火焰矫正温度最大温度550°C		

图 9-49　压力环焊后火焰矫正温度要求

4）焊后消氢处理。

由于厚钢板焊接时构件的拘束度大，焊缝金属冷却速度快，焊缝内应力将明显高于普通厚度钢板的焊接，结构拘束度增加，焊缝容易产生裂纹主要为焊接冷裂纹。

冷裂纹最主要形成原因就是焊缝中存在的扩散氢，焊缝中的氢来源有焊接材料及焊接电弧周围空气。当焊缝和热影响区的含量较高时，焊缝中的氢在结晶过程中向热影响区扩散，当这些氢不能逸出时，就聚集在离熔合线不远的热影响区中；如果被焊材料的淬火倾向较大，焊后冷却下来，在热影响区可能形成马氏体组织，该种组织脆而硬；再加上焊后的焊接残余应力，在上述几种因素的作用下，导致了冷裂纹的产生。

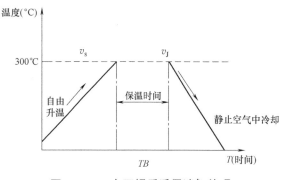

图 9-50　压力环焊后采用消氢处理

在裂纹倾向较大时，特别是焊接材料屈服强度大于 460N/mm² 材料厚度大于 30mm 时，在考虑使用低氢焊材的同时，应焊后采用 200～300℃ 保温，2h 消氢处理，有利于焊缝中扩散氢的溢出，可以有效防止冷裂纹形成（图 9-50）。

8. 焊接缺陷返修

凡经目视检查或无损探伤方法确定的超出焊缝缺陷等级的不合格品，均必须进行返修或补焊。

（1）对于气孔和夹渣返修时，先用砂轮机或电磨头将气孔和夹渣部位彻底清理干净后再进行焊接，然后打磨光滑。

（2）当焊缝有咬边或未焊满时，不允许以打磨母材作为修正，应先将缺陷部位打磨处理后补焊，然后对成形不太均匀的部位采用砂轮机进行修磨，保证焊缝成型均匀一致。

（3）裂纹的返修应先采用目测或探伤方法确定裂纹走向（必要时在裂纹末端钻上止裂孔），然后用砂轮机或电磨头将裂纹部位彻底清理干净，可采用磁粉着色（MT）检测，确定裂纹已彻底清除，再进行焊接。

（4）当焊缝上出现未熔合、未焊透或熔深不够时，应用专用砂轮或电磨头将缺陷部位彻底清理干净再进行焊接。清理缺陷时，允许根据缺陷位置的深度确定从焊缝正面还是反面进行清理。当角焊缝有效厚度不够时，先打磨清理焊缝表面，然后在焊缝上增焊焊层或焊道。

（5）返修焊缝的表面尺寸应与附近焊缝相同，修补处的焊缝须进行打磨，使得修补焊缝和原焊缝、修补焊缝和母材之间圆滑过渡。

（6）返修焊使用的焊接工艺规程（WPS）必须符合焊接工艺评定（WPQR）的适用范围，焊接前焊接区域 20mm 范围内无锈、污痕、油、水、飞溅等，焊接宜采用多层多道焊接，避免热输入过大造成二次缺陷形成。返修焊接完成后需按工程检测要求进行检测。

9. 压力环预拼装及现场安装效果

压力环焊接预拼装及现场安装如图 9-51、图 9-52 所示。

图 9-51 压力环预拼装图

(a)

(b)

图 9-52 压力环现场安装图

9.5 薄板小截面箱形构件焊接

薄板小截面箱形构件由于外观简洁，自重较轻，构件层次分明，因此在对建筑要求较高的结构场合中运用广泛，例如机场登机桥就多采用此种构件。

9.5.1 登机桥结构简介

登机桥是连接候机厅与飞机之间的可移动升降的通道，其主要采用箱形桁架结构。图 9-53 所示的登机桥结构，主体为箱形结构和少量的 H 型钢、角钢等构成，材质主要选用 Q235、Q345 钢材。登机桥钢构件在使用过程中，不再使用装饰材料包裹，仅利用玻璃幕墙防风保护，所以对外观要求较高。

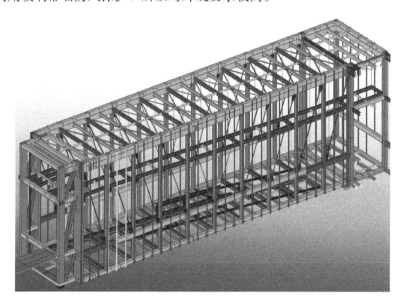

图 9-53 登机桥模型

登机桥的主体箱形结构，设计一般采用钢板拼制。板拼箱形结构相比于热轧方管，在截面尺寸有多样化选择的优势。另外，板拼结构内部增设劲板较为方便，有利于传递应力。

9.5.2 登机桥的焊接特点

登机桥本体均为小截面薄板的箱形结构，且受力较小。常规板厚为 6～12mm，整体截面尺寸在 500mm×500mm 左右。

登机桥薄壁箱形结构，制作难点主要体现在以下几个方面：

（1）较薄的本体板材下料后变形严重，特别是在开设焊缝坡口后更加明显。

（2）本体板厚较薄，在焊接过程中，焊缝金属容易从被焊侧流挂（图 9-54），尤其是埋弧焊过程中，还需保证焊剂的覆盖位置，也要避免出现构件直线度不良的情况。

（3）因为组立后箱形构件焊缝坡口较窄，使得在焊接过程中，构件的旁弯易造成在坡口中焊丝不对中，焊缝的直线度不佳的影响。若采用半自动气体保护焊焊接，虽能靠手工焊过程保证焊丝对中，但焊缝成形后质量难以满足登机桥外露美观要求。

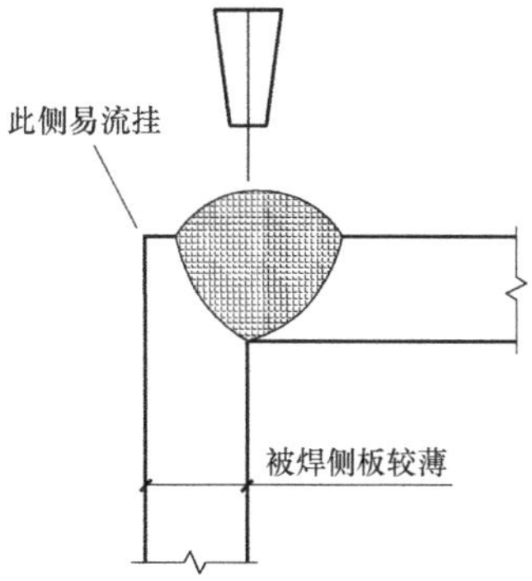

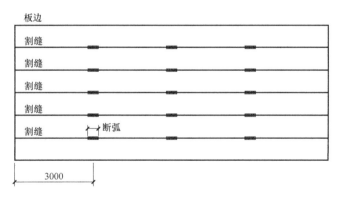

图 9-54　薄板箱形本体焊缝流挂

9.5.3　登机桥焊接

登机桥薄壁箱形结构焊接技术主要包含断续切割技术、Ⅰ形坡口技术、打底填充焊技术三个方面。

1. 断续切割技术

板材的下料采用多头火焰自动切割机，切割时过程应分段处理（图 9-55），每 3000mm/档，保留 50mm 断弧不割断，待整块板切割结束后，再使用气割小车割开保留位置。这种同步切割工艺通过条板间的互相约束，限制材料的变形倾向，同时通过断弧有效地限制了导致变形的热输入量。

图 9-55　断续切割法

2. Ⅰ形坡口技术

如图 9-56 所示，常规的Ⅰ形结构角接接头，在节点区的全熔透焊缝，采用衬垫焊单侧 V 形坡口，而对于非节点区，采用无衬垫的 V 形坡口。此外，熔透焊接的坡口比非熔透的位置宽度相差 6mm 衬垫间隙。为了防止节点区和非节点区交错区域存在盖面焊宽不均的现象，对薄壁箱形本体焊缝坡口进行优化，统一改进成通长衬垫焊Ⅰ形坡口，并根据板的厚度调整坡口间隙，防止窄而深的焊缝剖面影响焊接质量。另外，Ⅰ形坡口可以在本体下料过程中，直接将腹板的宽度改窄以扣除焊缝间隙，直接取消了坡口开设工序，减少加工工作量的同时，避免了二次切割变形。

3. 打底填充焊技术

薄壁箱形的坡口表面较窄，盖面焊单道成形，为保证最后的盖面焊外观，需提前考虑打底及填充焊缝。打底与填充焊接采用实芯焊丝气体保护焊（GMAW），相比于

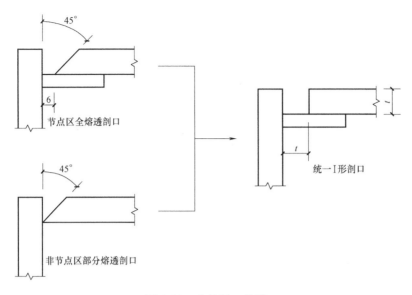

图 9-56 本体坡口改进

焊条焊及药芯焊丝，其更具穿透性，有利于焊缝的根部熔透。同时，为保证盖面焊缝的成形及控制余高，焊工应先进行小段试焊，并且根据表 9-12 的要求调整焊接参数，保证最终的填充焊缝低于坡口表面 2～3mm，如图 9-57 所示。值得一提的是，实芯焊丝气体保护焊相对于焊条焊、药芯焊、埋弧焊，焊后仅有少量的焊渣，更利于控制焊缝高度。

打底与填充焊参数 表 9-12

焊接方法	焊丝直径 (mm)	电流 (A)	电流极性	电压 (V)	焊接速度 (cm/min)
GMAW	1.2mm	打底 180～260 填充 220～300	直流反接	25～36	25～45

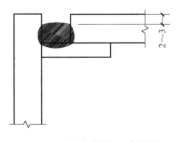

图 9-57 填充焊缝高度要求

盖面焊接焊缝外观质量，是登机桥薄壁箱形的焊接难点。对于 10～12mm 板厚的箱形结构（图9-58），使用埋弧焊进行盖面焊接，选用直径 4.0mm 焊丝代替常规的 4.8mm 直径焊丝，并控制焊接参数（表9-13），以确保盖面焊缝宽度保持在 16～20mm 之间。而对于 6～8mm 板厚的箱形结构，埋弧焊难以提供较窄的焊宽（图 9-59），可使用新型的靠轮式自动化药芯焊丝 CO_2 气体保护焊机。无论自动埋弧焊还是自动化 CO_2 气体保护焊机，焊接过程中应密切关注焊丝的走向，确保行走靠轮与本体间紧密贴合。采用自动化的焊接技术在保证焊缝直线度的同时，确保了焊缝表面的光滑。

盖面焊参数　　　　　　　　　　　　　　表 9-13

焊接方法	焊丝直径 （mm）	电流 （A）	电流 极性	电压 （V）	焊接速度 （cm/min）	适用板厚 （mm）
SAW	4.0	450～550	直流 反接	24～36	35～60	10～12
FCAW	1.2	220～300		25～36	40～50	6～8

图 9-58　埋弧自动焊盖面

图 9-59　靠轮式自动化药芯焊盖面

　　登机桥是典型的外露构件，应高度重视裸露在外的箱形焊缝外观质量，但实际制作结束后，焊缝外观可能存在瑕疵。因此，对于局部的焊缝余高＞1mm 的位置或接头连接位置，可采用手工打磨机磨除；对于通长的焊缝余高超差（图 9-60），使用高效的手推式自动打磨机进行磨平处理。

(a)

(b)

图 9-60　外观处理

第 10 章
现场大型钢结构焊接技术

10.1 上海中心大厦钢结构焊接

10.1.1 上海中心大厦钢结构焊接特点

1. 大厦工程概况

上海中心大厦地下结构 5 层，地上部分包括 132 层塔楼和 7 层东西裙房。塔楼主体结构高度 580m，建筑总高度 632m，总建筑面积约 574058m²。西裙楼与主楼设置抗震缝分开，东裙楼与塔楼为一结构整体，裙楼主体结构高度约 38m。

塔楼竖向分为九个功能区，1 区为大堂、商业、会议、餐饮区，2 区～6 区为办公区，7 区、8 区为酒店和精品办公区，9 区为观光区，9 区以上为屋顶皇冠（图 10-1）。其中 1～8 区顶部为设备避难层。

外墙采用双层玻璃幕墙，内外幕墙之间形成垂直中庭。

2. 钢结构概况

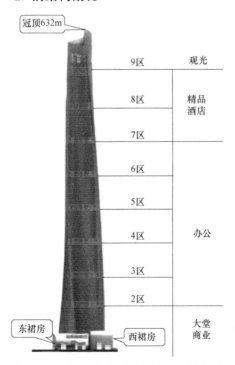

图 10-1 上海中心大厦建筑功能分区示意

（1）塔楼采用钢筋混凝土和钢结构组合而成的混合结构，为"巨型框架—核心筒—外伸臂"抗侧力体系。在 8 个区设置了六道两层高的外伸臂桁架和八道环形空间桁架，空间桁架与巨型柱形成外围巨型框架。

（2）塔楼的竖向结构包括核心筒和巨型柱，巨型钢柱外包混凝土，其沿高度向建筑中部倾斜，包括 8 根巨柱 SC1 和 4 根角柱 SC2，为焊接组合截面结构。

（3）水平结构由楼层钢梁和组合楼板组成。

（4）钢框架外围的玻璃幕墙支撑钢结构采用悬挂结构形式，每层径向水平杆件和外边缘曲梁杆件采用钢管制作，杆件交点位置设置钢棒吊杆。

（5）屋顶皇冠钢结构位于整栋建筑

顶部，由内外八角钢框架、阻尼器桁架、竖向鳍状桁架等组成。集中了观光电梯、风力发电机、阻尼器、冷却塔、水箱、擦窗机和卫星天线等大型设备和设施。

3. 钢结构焊接施工特点及难点

（1）钢结构体量超大，上海中心钢结构总量超过 100000t，现场接头除了楼面梁，基本以焊接为主，因此焊接工作对整个工程质量、工期进度，甚至安全都事关重大。

（2）工程结构用钢以低合金高强钢 Q345B、Q345GJC 为主，部分区域构件采用 Q390GJ 钢板，焊接性能良好。

（3）竖向组合巨型柱、横向 8 道桁架构件均为超重超大件，如巨型柱重达 80～100t，单个接头焊缝总长达 18m，焊接量巨大。

（4）大量采用了大厚度钢板，巨型柱板厚为 30～60mm，桁架层则多为 100mm、120mm 厚钢板，且均为一级熔透焊缝，焊接难度大。

（5）巨型桁架结构庞大，由巨型柱、环带桁架、伸臂桁架组成的巨型框架体系节点繁多、复杂，焊接应力、变形的控制要求高。

（6）焊接施工周期长，焊接作业经历冬期及雨期，低温及雨水湿度将对高空焊接产生非常不利影响。

10.1.2 上海中心大厦巨型桁架焊接

上海中心大厦桁架层结构复杂，设计上综合采用高强螺栓连接与焊接连接方式，分段构件最重达 90 多吨，安装精度、焊接质量要求极高，焊接包括平焊、横焊和立焊等多种焊接方式，板材厚度覆盖范围为 20～120mm。结构采用的主要材料为 Q345GJC 钢材，部分高强螺栓连接拼接板强度等级为 Q390GJC。桁架构件截面大、钢板厚，节点类型多、复杂，焊接要求高。本节着重介绍桁架层的焊接。

1. 桁架层结构形式

（1）上海中心大厦竖向分为九个功能区，塔楼在 1～8 区的顶部设置 8 道设备层，设备层由两层高的外伸臂桁架、环形桁架和 1 层高度的楼面桁架组成，桁架与巨型柱形成外围巨型框架。

（2）8 道设备层中，1 区和 3 区桁架层的水平结构设有楼面桁架和环带桁架两种结构形式，径向楼面桁架一层高，设置在桁架层的上层，呈放射状布置在核心筒外；环向带状桁架两层高，内外两榀一组布置在巨型柱之间，将相邻的巨型柱连成整体。

（3）2 区、4～8 区桁架层的水平结构设有伸臂桁架、楼面桁架、环带桁架三种结构形式。伸臂桁架两层高，由核心筒外的伸臂桁架与核心筒内的伸臂桁架组成；核心筒外的伸臂桁架通过与巨型柱和核心筒连接，使内外结构形成非常强的整体（图 10-2）。

以二区桁架层为例，桁架层构件主要由巨柱、角柱、伸臂桁架、环带桁架和径向桁架组成。环带桁架连接巨型柱、角柱形成整体，伸臂桁架贯通整个核心筒和巨柱连接，径向桁架呈放射状连接核心筒与环带桁架、巨柱。桁架层构件类型及主要参数见表 10-1。

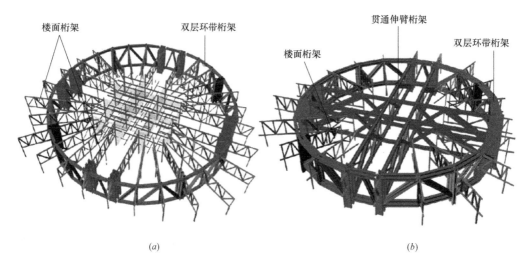

图 10-2　上海中心大厦桁架布置形式

(a) 1 区和 3 区桁架的形式；(b) 2 区和 4～8 区桁架的形式

二区桁架层各构件类型和主要参数　　　　　　　　表 10-1

结 构 名 称	编号	数量	主构件截面参数（mm）	主要材质	重量(t)
巨柱	SC1	24 段	3890×2200×50×60	Q345GJC	90
角柱	SC2	12 段	3890×1050×50×45	Q345GJC	81
环带桁架	BT	24 段	H1000×700×70×70	Q345GJC	84
径向桁架（与巨柱、角柱相连）	RTC	16 榀	H600×800×80×100	Q345GJC	20
径向桁架（与环带桁架相连）	RT	16 榀	H600×600×40×90	Q345GJC	25
伸臂桁架	ORT	8 榀	H1000×1700×100×100	Q345GJC	52

2. 现场焊接坡口形式

针对桁架层构件板厚的特点，为减少熔敷金属量，降低焊接残余应力，在具备操作条件和加工可行的情况下，采用双面坡口和 X 形坡口为主，也有利于焊工操作。

桁架层焊接坡口形式主要有三种：平焊位置采用单边 V 形坡口、背面加钢衬垫的对接焊缝；立焊采用 X 形坡口背面清根和 V 形坡口、背面加钢衬垫焊接接头；横焊采用单边半 V 形坡口、背部加钢衬垫。

表 10-2 为二区桁架构件不同部位的坡口形式。

桁架层接头坡口形式　　　　　　　　表 10-2

桁架类型	部位		坡口形式	备注
伸臂桁架	弦杆	翼板	①	H
		腹板		

续表

桁架类型	部位		坡口形式	备注
伸臂桁架	腹杆	翼板	③	
		腹板 $t<30$	③	
		腹板 $t\geqslant30$	④	

环带桁架	部位		坡口形式	备注
	弦杆	翼板	①	
		腹板(节点板)	②	
	腹杆	翼板	③	
		腹板 $t<30$	③	
		腹板 $t\geqslant30$	④	

径向桁架	部位		坡口形式	备注
	弦杆	翼板、腹板	①	
		翼板	①	
		腹板 $t<30$	①	
		腹板 $t\geqslant30$	②	
	腹杆	翼板	③	
		腹板 $t<30$	③	
		腹板 $t\geqslant30$	④	

注：

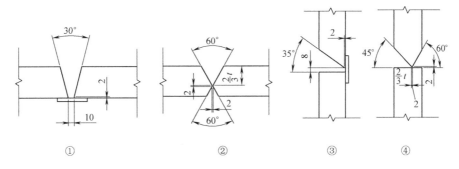

3. 焊接工艺及参数

桁架层的焊接主要采用半自动药芯焊丝气体保护焊方法，手工电弧焊作为补充。

预热方式采用电加热，加热范围为坡口两侧 1.5 倍板厚且不小于 100mm。预热温度根据接头最厚处板厚选择，对于板厚超过 60mm 的接头，预热温度控制在 100～140℃。层间温度控制不低于预热温度，不宜超过 230℃。焊后加热至 230～315℃，保温 2～3h 后用石棉布包裹缓冷。测温方式采用非接触式红外测温仪，测温点距离焊接点 75mm 处。

表 10-3、表 10-4 为平、横、立不同焊接位置的焊接工艺参数。

平、横焊工艺参数 表 10-3

焊接工艺参数	道次	焊接方法	焊条或焊丝		焊剂或保护气体	保护气体流量 (L/min)	电流 (A)	电压 (V)
			型号	直径				
	打底	FCAW-G	E501T-1	$\phi1.2$	CO_2	20	180～220	20～24
	中间	FCAW-G	E501T-1	$\phi1.2$	CO_2	25	200～260	22～28
	盖面	FCAW-G	E501T-1	$\phi1.2$	CO_2	25	220～280	24～30

立焊工艺参数 表 10-4

焊接工艺参数	道次	焊接方法	焊条或焊丝		焊剂或保护气体	保护气体流量 (L/min)	电流 (A)	电压 (V)
			型号	直径				
	打底	FCAW-G	E501T-1	$\phi1.2$	CO_2	20	160～200	18～22
	中间	FCAW-G	E501T-1	$\phi1.2$	CO_2	25	180～240	20～26
	盖面	FCAW-G	E501T-1	$\phi1.2$	CO_2	25	200～260	22～28

4. 焊接实施

（1）总体安装、焊接顺序。

整个桁架层以角柱 SC2 为界划分为四个区域，每个区域的桁架焊接根据进度需要计划配置 6～8 名焊工，巨型柱与核心筒的焊接每区配置 4～6 名焊工，焊工总计 40～50 人。

1）首先安装核心筒和巨型柱 SC1、SC2 间的八榀伸臂桁架、四榀径向桁架（图 10-3）。

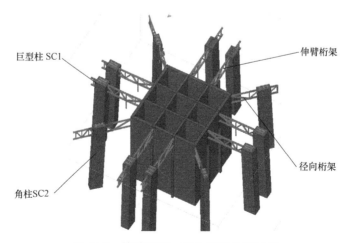

图 10-3　伸臂桁架、径向桁架位置示意

2）安装四对 SC1 巨柱间的环带桁架，安装完毕后开始伸臂桁架的焊接。

3）安装巨柱 SC1 和 SC2 间的八组环带桁架，完成后开始 SC1 间环带桁架的焊接（图 10-4）。

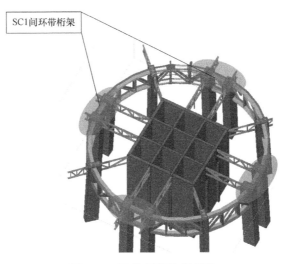

图 10-4 环带桁架位置示意

4）进行核心筒与环带桁架间径向桁架的安装，然后开始环带桁架和角柱与核心筒的径向桁架的焊接。

5）焊接连接环带桁架与核心筒的径向桁架（图 10-5）。

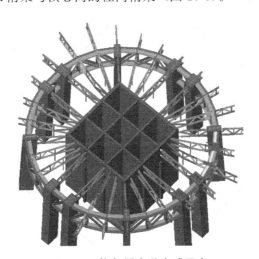

图 10-5 桁架层安装完成示意

（2）伸臂桁架焊接：

1）按照总装顺序，首先开始伸臂桁架的焊接（图 10-6），编号 1 焊缝的上弦杆因对接焊缝长，两侧各配备两名焊工对称、分段施焊。下弦杆配备两名焊工对称焊接。

2）待 1 号焊缝完成后焊接 2 号焊缝，上下弦杆各配两名焊工施焊。

3）待 2 号焊缝完成后，安排 2 名焊工开始焊接 3 号焊缝，结束后焊接 4 号位置焊缝。

其中 1 号焊缝是外伸臂桁架与核心筒预埋段的一个大接头，高约 4m，双板构造，两板之间间距 410mm（图 10-7）。

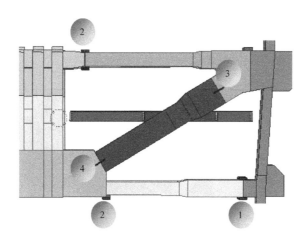

图 10-6　伸臂桁架焊接顺序示意

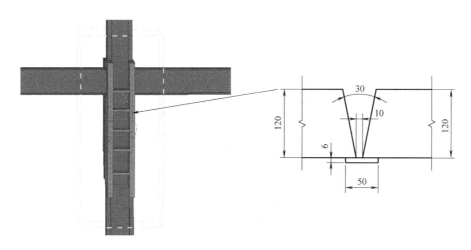

图 10-7　1 号焊缝接头剖面及坡口形式

　　由于两板间距较小，工人无法进入隔板内施焊，因此采用了单面 V 形坡口形式。每条焊缝安排三组焊工轮流连续施焊，每组由两名焊工组成。焊前预热 140℃，道间温度控制在 140～230℃。因该道焊缝为立焊，在上下两名焊工之间设置防火隔离设施，以防烫伤下面焊工。上下两名焊工间焊缝的衔接预留过渡区，避免接头集中一处。焊后采取后热保温缓冷措施。

　　（3）巨型柱 SC1 间环带桁架的焊接。

　　伸臂桁架焊接完毕后可开始巨型柱 SC1 间环带桁架的焊接，焊接顺序按照图 10-8示意所示，腹杆螺栓连接节点先用临时螺栓固定。位置 1、2 处由于焊缝较长，因此每处配置 4 名焊工，每侧两名进行对称焊接。焊缝 1、2 完成后依次进行 3、4 号焊缝焊接，最后进行腹杆高强度螺栓的替换。

　　如图 10-9 所示，内外环带节点板间距 1.2m，因此该处立焊采用 X 形坡口形式双面焊接，水平横板采用 V 形坡口平焊位。

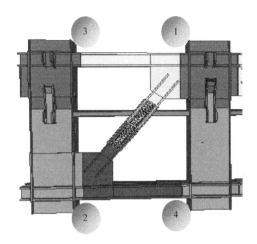

图 10-8　SC1 间环带桁架焊接顺序示意

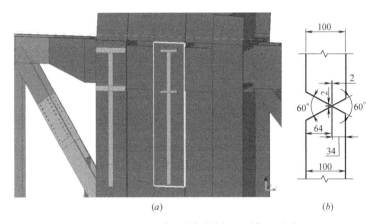

图 10-9　1 号焊缝接头剖面及坡口形式

每条立焊缝安排三组焊工轮流连续焊接，每组两名焊工。首先焊接较深坡口侧，焊三层后背面清根，清根侧施焊两层，然后两侧交替施焊，立焊完成后焊接翼板平焊。

（4）巨型柱 SC1 与角柱 SC2 间环带桁架的焊接。

一区巨型柱 SC1 与角柱 SC2 间的环带桁架焊接节点多达 14 处，为使得焊缝可以自由收缩，减小该处的残余应力，采取如图 10-10 所示焊接顺序。

首先安排 6 名焊工完成与 SC1 相邻的右侧 1 号位置的对接焊缝，其次焊接与 SC2 相邻的左侧 1 号位置的对接焊缝。然后安排 4 名焊工焊接 2 号节点，再依次焊接 3 号、4 号节点。最后由两名焊工对称依次进行节点 5、6 两处的焊接。

针对 SC1 与 SC2 间环带桁架节点 1 号大接头焊接，由于内外环带节点板间距 1.2m，因此该处腹板焊缝采用 X 形坡口形式双面焊接，翼缘板采用 V 形坡口单面焊（图 10-11）。采取先焊上下翼缘，后焊复板的焊接顺序。

（5）径向桁架的焊接。

径向桁架现场节点采用焊接和螺栓两种连接形式，焊接接头分别为 1 号和 2 号位

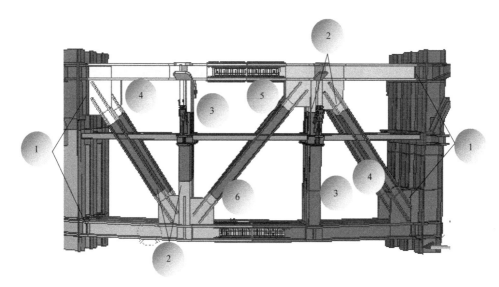

图 10-10　SC1 与 SC2 间环带桁架焊接顺序示意

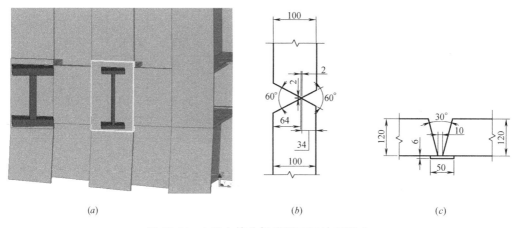

图 10-11　1 号大接头焊缝剖面及坡口形式

置。首先配置 4 名焊工进行 1 号焊缝焊接，上下弦杆各两名对称施焊。1 号焊缝完成后，安排两名焊工焊接 2 号焊缝。焊接全部结束后替换高强度螺栓（图 10-12）。

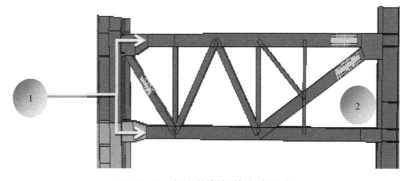

图 10-12　径向桁架焊接顺序示意

10.2 广州电视塔钢结构焊接

10.2.1 广州电视塔钢结构特点

1. 电视塔概况

广州新电视塔总高 610m，主体结构 454m，天线 156m（由于受航空限高，在建成后天线整体下降，最终高度降至 600m）。主体结构由上下两个椭圆体扭转而成，中间采用椭圆形钢筋混凝土核心筒，外部通过 A～E 五个功能层和网格状钢结构外框筒连接。该塔以"广州新气象"为主题，塔身有"纤纤细腰"，呈由上至下逐渐变小的形状，形态优美，成为现代广州的代表建筑。

广州新电视塔由钢结构外框筒、椭圆形混凝土核心筒、连接两者的钢结构楼面和支撑以及顶部桅杆天线构成。其中钢结构外框筒是一个由椭圆经过复制、平移、旋转、切分、连接等一系列几何变换而组成的格构式结构；钢管柱截面 $\phi1200～\phi2000$，壁厚35～50mm，内灌混凝土。混凝土核心筒高 454m，截面为椭圆，内径 17m×14m，筒壁厚度从 1000mm 递减至 400mm，混凝土强度等级采用C45～C80；塔体中功能层共 37 层，分五段分布，楼板采用钢筋桁架自承式楼板，混凝土强度等级为 C30。

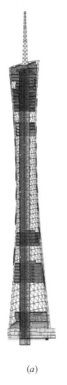

(a)   *(b)*   *(c)*

图 10-13 广州电视塔效果图

2. 工程的主体钢结构

包括混凝土核心筒内的钢骨劲性柱、外筒结构、楼层结构（包括空中漫步道）和天线桅杆等，钢结构总量逾 5 万 t。

3. 钢结构施工特点及难点

（1）结构形式特殊。

本工程的主体结构由混凝土核心筒和钢结构外筒组成。其混凝土核心筒为一内净尺寸 17m×14m 的椭圆柱体，自下而上筒壁厚度由 1000mm 渐变至 400mm，并设有大量建筑孔洞；其钢结构外筒为由 24 根圆锥形立柱、46 组环梁及分布其间的斜撑组成的变截面椭圆筒体。由于钢结构外筒自下而上作 45°扭转，因此使外筒所有构件均为三维倾斜，这种独特的结构形式为目前国内外所少见。外钢筒中心不仅自身倾斜，而且与核心筒中心偏置达 9m，使结构整体在恒载作用下即发生较明显的侧移。

内外筒之间分区域间隔地设置了 37 层楼层，使得整个结构既似塔桅，又兼具超高层的特点。楼层的大量缺失，使结构安装时临时稳定的问题凸现，而且使高空操作失去依托，不得不凌空作业。

（2）体量大，高度高。

整个工程钢结构总量逾 5 万 t。钢结构外筒基础平面为一长轴 80m，短轴 60m 的椭圆。由于其中心与混凝土核心筒的中心不重合，使安装作业半径倍增。塔体高达454m，其上部天线桅杆长达 156m，使得塔吊有"鞭长莫及"之虞。整个结构高610m，雄踞世界之最。

（3）吊装单元重，高空焊接难。

钢结构主要构件立柱钢管的截面直径为 1200～2000mm，壁厚为 30～50mm，最大分段重量逾 40t；部分楼层桁架重 80 余吨；构件重，安装作业半径大，对起重机械的选择要求高。

钢结构外筒均采用钢管构件，高空节点均为焊接等强连接。焊接量大，质量要求高，但高空作业条件差，气候影响明显。

（4）安装精度高，变形因素多。

本工程结构形式特殊，非常用规范和标准所能涵盖。根据本工程验收标准（试行），钢立柱的安装精度又高于一般超高层建筑和塔桅结构的安装要求。这对结构安装的质量控制带来很大难度。

除了测量、焊接等影响安装精度的因素外，由于结构的倾斜扭转和超高度，在恒载作用下变形显著且关系复杂；随着结构高度的升高，在季节温差、昼夜温差及因日照引起的结构温差作用下使结构在施工阶段的变形控制难度大增。

（5）施工场地小，气候影响大。

本工程一面临江，三面与土建或其他工程交叉施工，作业场地受到严重限制，因此施工总平面布置必须分阶段频繁调整，以充分利用空间，增加作业面。广州地区气候湿热，季风频仍，雷暴时现，对施工安全和质量带来严重挑战，应有针对性的施工预案和措施。

10. 2. 2　广州电视塔钢结构焊接特点

1. 工程焊接特点及难点

（1）本工程主体钢结构除楼层结构以高强度螺栓连接节点为主外，其他均为全熔透等强焊接节点连接。钢材材质根据不同部位而异：H 形钢骨劲性柱为 Q345C；钢外筒以 Q345GJC 为主，部分立柱为 Q390GJC；天线桅杆格构段材质为 Q390GJC、Q345GJC。而难点在于实腹段箱形截面材质均采用 BRA520C（Q420GJCW）钢，这种钢材，强度级别高，淬硬性和冷裂倾向相对增大，为国内首次应用。

（2）电视塔总高达到 610m，超高空环境条件下对焊工心里、操作水平发挥影响较大。

（3）高空风速较大，并且贯穿于现场焊接施工全过程，尤其是对气体保护焊的影响比较大。

（4）钢结构外筒为复杂斜交网格结构，致使现场焊接接头呈全位置状态，对焊工操作水平要求高。

（5）钢结构体量大、构件截面大。立柱钢管截面尺寸由底部的 $\phi2000\times50mm$ 渐变至顶部的 $\phi1200\times30mm$；斜撑与钢柱斜交，钢管直径 $\phi850\times40mm\sim\phi700\times30mm$，与立柱的连接采用相贯节点刚接形式；环梁共有 46 组，直径 $\phi800$，壁厚为 $20\sim25mm$，环梁与钢管柱通过外伸的圆柱节点相贯连接。所有现场节点均为全熔透焊接连接。因此，现场焊接量大，焊接工效将直接影响到钢结构安装进度。

（6）由于钢结构外筒结构形式呈环闭状，焊接收缩引起的结构变形不可忽视，必须有针对性的研究和对策措施。

2. 广州气候特点对现场焊接的影响

广州属于亚热带季风气候，常年平均气温 22.0℃，最热 7 月平均气温 28.5℃，最冷一月平均气温 13.6℃；极端最高气温 39.1℃，极端最低气温 0.0℃。这种气温条件对于现场焊接是比较适宜。但同时广州一个不利因素是湿度较大，年平均相对湿度 78%，这对现场焊接有不利影响，尤其在超高空位置湿度影响更大。广东地区台风比较多，还有梅雨季节，且气候多变。因此，焊接操作区域的防风、防雨措施至关重要。

10. 2. 3　广州电视塔外筒钢结构焊接

广州电视塔主体钢结构包括钢骨劲性柱、外筒结构、楼层结构和天线桅杆等，天线桅杆部分钢材采用了耐候钢。关于耐候钢的焊接内容详见本书第四章。本节主要介绍外筒钢结构的焊接。

1. 钢结构外筒构件类型

钢结构外筒是电视塔主要的垂直承重及抗侧力结构，包括三种类型的构件：立柱，环梁和斜撑。外筒共有 24 根立柱，由地下二层柱定位点沿倾斜直线至塔体顶部相应点，与垂直线夹角为 5.33°～7.85°。采用钢管混凝土组合柱，钢管截面尺寸由底部的 $\phi2000\times50mm$ 渐变至顶部的 $\phi1200\times30mm$，柱内填充 C60 低收缩混凝土；斜撑与钢柱斜交，其材料亦为钢管，直径 $\phi850\times40mm\sim\phi700\times30mm$。斜撑与钢管柱的连接采用相贯节点刚接形式；环梁共有 46 组，环梁材料同样为钢管，直径 $\phi800$，壁厚为 20~25mm，采用弧线形式，环梁平面与水平面呈 15.5°夹角。环梁与钢管柱通过外伸的圆柱节点相贯连接。所有现场节点均为全熔透焊接连接。

2. 现场焊接节点形式

（1）立柱：钢结构外框筒 24 根钢管立柱全部采用单面单边坡口，反面加钢衬垫、全熔透对接（图 10-14）。

（2）斜撑：斜撑与立柱的连接采用相贯节点刚接形式，考虑到现场相贯线切割的难度，将相贯节点在工厂完成，立柱出厂时带上一段牛腿，现场节点就简化为钢管之间的对接连接。相贯牛腿的精度通过构件工厂预拼装加以保证。坡口采用单面单边、背面加衬垫形式（图 10-15）。

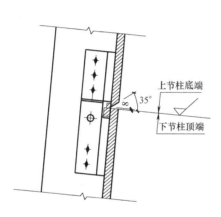

图 10-14　外筒立柱连接节点

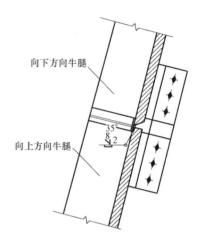

图 10-15　外筒斜撑连接节点

（3）环梁：环梁与钢管柱通过外伸的圆柱节点相贯连接，同样的相贯节点亦在工厂完成，现场节点均为环梁钢管之间的对接连接，坡口形式类似（图 10-16、图 10-17）。

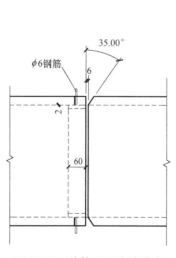

图 10-16　外筒环梁连接节点

图 10-17　斜撑、环梁连接牛腿

3. 焊接方法和焊材的选用

考虑到超高空室外施焊环境，采用了 CO_2 气体保护焊，焊丝选用 TWE-711（$\phi 1.2$）药芯焊丝。焊接工艺参数见表 10-5。

焊接工艺参数   表 10-5

焊接工艺参数	道次	焊接方法	焊条或焊丝		焊剂或保护气体	保护气体流量（L/min）	电流（A）	电压（V）
			型号	直径				
	打底	FCAW-G	TWE-711	$\phi 1.2$	CO_2	25	230	33
	中间	FCAW-G	TWE-711	$\phi 1.2$	CO_2	25	250	38
	盖面	FCAW-G	TWE-711	$\phi 1.2$	CO_2	25	200	30

4. 焊接预热

对壁厚超过 30mm 的接头焊前进行预热，除立柱采用电加热以外，其余部位均采用火焰加热。

5. 焊接顺序

总体焊接顺序对结构的变形是一个关键因素。如图 10-18 所示，外筒每道环包括 24 个立柱节点、48 个环梁节点、48 个斜撑节点，均为一级全熔透焊缝。经测定，每个焊接节点收缩量为 2~4mm，其累积效应对结构的影响不可忽视。必须在施工实践过程中不断摸索，优化焊接顺序，来控制焊接对结构变形的不利影响。

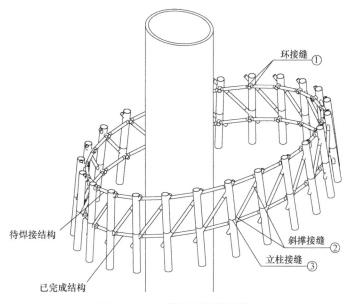

图 10-18   外筒现场焊接部位

针对措施：焊接时，对节点采用对称分布焊接的施焊顺序，焊接单元内按立柱—斜撑—环梁的顺序控制，同环内节点采用对称分布、交错焊接，通过变形监测调整和优化焊接顺序，最大限度控制了焊接对结构变形的不利影响。

（1）平面总体焊接顺序。

每道环分成 24 个单元，其中 12 个主单元由两根立柱、一根环梁和一根斜撑组成，另 12 个副单元由环梁和斜撑组成，如图 10-19 所示。

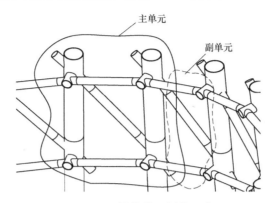

图 10-19　焊接单元划分示意

在结构安装校正到位后，对称布置焊接点，首先交错焊接其中 12 个主单元，然后再交错焊接 6 个副单元，再焊接 3 个副单元，留下 3 个单元作为最终封闭接头（图 10-20）。

这样对称分布焊接节点的施焊顺序，可使焊接变形逐步消化在每一个单元内，不致整个环造成累积偏差。

（2）单元焊接顺序。

每个单元采取立柱——环梁——斜撑的焊接顺序（图 10-21）。

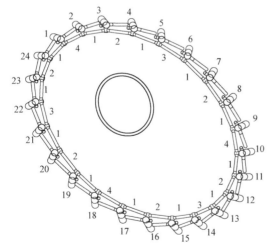

图 10-20　平面总体焊接顺序示意

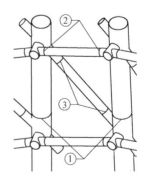

图 10-21　单元焊接顺序示意图

①—立柱；②—环梁；③—斜撑

（3）单一杆件焊接顺序。

单一杆件的首端焊接时，另一端应沿杆长方向释放约束，使杆件能自由收缩（图 10-22）。

（4）单个接头焊接顺序。

由于钢管直径较大，所以每个钢立柱节点安排 3～4 名焊工围绕接头同时施焊；斜撑、环梁安排两名焊工同时对称施焊。采用分段、对称施焊，每人焊接参数基本保持一致。每个接头须连续施焊，直至焊完。

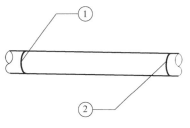

图 10-22　单根杆件焊接顺序

焊接顺序示意如图 10-23 所示。

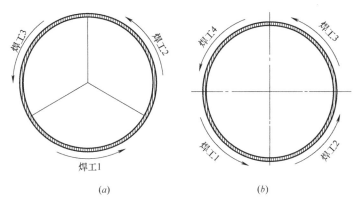

图 10-23　不同直径钢管立柱焊工配置示意图

(a) 直径<1.6m；(b) 直径≥1.6m

（5）每道焊缝收头需熔至上一道焊缝端部约 50mm 处，即错开 50mm，不使焊道的接头集中在一处（图 10-24）。

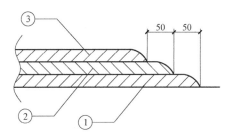

图 10-24　分层分道焊接头错位焊示意图

10.3　国家大剧院钢结构焊接

10.3.1　国家大剧院钢结构特点及难点

1. 国家大剧院工程概况

国家大剧院是国家重点文化设施。工程位于北京人民大会堂西侧，长安街南面，占地面积约 20 万 m²，总建筑面积 15 万 m²。该工程中心建筑为一超级椭圆形半球壳体，壳体四周环绕巨大水池，使壳体犹如椭圆形珍珠半浮于水面。其内部容纳了歌剧院、戏剧院、音乐厅三个独立的大型建筑。壳体是一个独立的结构，与其内的建筑没有结构上的联系。主体建筑下部为三层地下建筑，国家大剧院效果图如图 10-25 所示。

图 10-25　国家大剧院效果图

国家大剧院超级椭球钢结构壳体（以下简称"壳体"）为一超大空间结构，东西长 212.20m，南北宽 143.64m，高约 45m，壳体钢结构总吨位 6750t。整个钢壳体由顶环梁、梁架构成骨架，梁架之间由连杆、斜撑连接（图 10-26）。

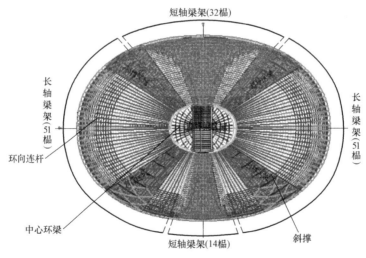

图 10-26　构件平面分布图

顶环梁位于壳体的顶部，平面呈折线椭圆形，长轴约 60m，短轴约 38m。周边通长采用 ϕ1117.6 的钢管；中间矩形框东西两侧采用箱梁；两侧半圆区内的桁架呈放射状布置；矩形框内南北向布置了 14 榀由 60mm 厚钢板制成的平面梁架，东西向采用 ϕ194 钢管呈网格状分布。整个顶环梁总重约 700t。

梁架位于顶环梁与混凝土底环梁之间，共 148 榀，呈中心对称放射状布置，每榀梁架的长度在 80～100m 之间。梁架分 A 类（短轴梁架）与 B 类（长轴梁架）两种，其中 A 类梁架 46 榀，采用 60mm 厚钢板制作；B 类梁架 102 榀，采用上下翼缘不等的焊接 H 型钢制作。梁架上端与中心环梁连接，下端坐落在钢筋混凝土环梁上，最终通过锚栓与其固接。

环向连杆为连接梁架的主要构件，呈水平环状布置，自梁架根部至上端共 41×2 道。采用 $\phi140×8mm$～$\phi194×5mm$ 钢管。连接形式为铸钢件连接和套筒焊接连接。

斜撑分布在壳体平面正交轴的四个对角线上。每个斜撑区分布范围为 9 个梁架节间。其作用是增加壳体的稳定性。斜撑采用 $\phi194×12mm$ 钢管，连接节点采用插入钢板焊接。

2. 大剧院钢结构特点及难点

(1) 结构投影面积约 2.5 万 m^2，结构包容的空间约 87.3 万 m^3，属超大型壳体结构，体量巨大。

(2) 壳体须待整个结构完全形成并连接固定后方为稳定的空间结构，因而如何保证施工阶段的结构稳定至关重要。

(3) 壳体为非正椭圆形半球体，几何关系复杂，加之壳体跨度、体形庞大，结构自身变形大，因而，施工过程的变形控制难度大。

(4) 壳体的主要结构构件梁架厚度仅 60mm，平面外刚度极差。因而梁架的起扳、搬运、吊装和校正的难度很大，必须采取特殊的技术措施。

(5) 壳体内包容了三个建筑物，整个壳体结构坐落在多层地下结构之上，钢结构安装时，周围区域还在施工，吊装作业区场地处于不同的标高上，最大高差达 14m，为一般工程施工所罕见，因而施工方案的选择和施工平面布置受到很多限制。

(6) 壳体外形弧线上拱量较大，周边可退视距离较小，无可选择测量控制高点，因而壳体测量难度很大。

10.3.2 国家大剧院钢结构焊接特点

(1) 基于北京冬季气温比较低，本工程主要构件所用钢材都采用了 Q345D (Z35)；A 类梁架与水平连杆节点则采用铸钢材料，材质为 ZGD345-570（《一般工程与结构用低合金铸钢件》GB/T 14408—2014）。

(2) 本工程的主要构件梁架细长且单薄，焊接变形控制要求高。

(3) 本工程中的大部分杆件最终都形成封闭型的环状，应尽可能在较小的拘束度下焊接，尽量减小焊接应力。

(4) 先行安装的顶环梁，其定位要求相当高。它外侧周边的 148 个外挑梁架连接件必须与底环梁的柱脚一一对应，偏差不能大于 20mm。而顶环梁上 14 个大件的连接都为焊接，且都是中厚板的一级熔透焊缝。

(5) 本工程量大，施工周期长，难以避免在冬期施工焊接。因此，低温、冰雪环境下对焊接操作、焊接质量的影响不容忽视。

10.3.3 国家大剧院钢结构焊接

本工程所有节点均采用焊接结构，整个壳体结构有超过 45600 个焊接位置，焊接工作量极大。并且如此众多的焊接部位中有大管径（ϕ1117.6）的全位置焊接、60mm 厚钢板梁架的全熔透对接焊接、铸钢件焊接等。4 万多的焊接位置分布在 3.5 万 m² 的壳体上，且每个点的操作空间非常局促，很多点位要求全位置焊接并超声波探伤；另外，焊接施工时间跨度大，从炎热的夏季到冰封的冬季。北京冬季气温低、风大等不利的气候均影响到焊接的顺利进行。

1. 现场典型焊接节点形式

（1）顶环梁圆管对接节点，圆管规格为 ϕ1117.6×25.4，材质 Q345D，单面 V 形坡口加衬垫（图 10-27）。

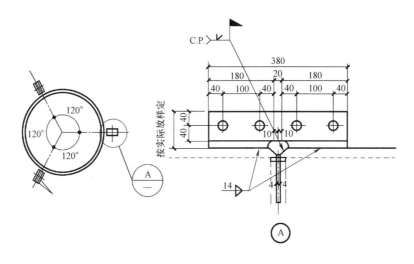

图 10-27　顶环梁圆管对接节点

（2）A 类梁架对接节点，60mm 厚钢板，材质 Q345D，X 形坡口（图 10-28）。

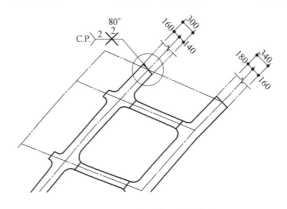

图 10-28　A 类梁架对接节点

（3）B 类梁架对接节点，焊接 H 型钢，材质 Q345D，翼缘采用单面 V 形坡口加衬垫（图 10-29）。

（4）环向连杆与梁架对接节点，采用铸钢件和套筒两种连接形式，铸钢材质 ZGD345-570，连杆为 Q345B（图 10-30、图 10-31）。

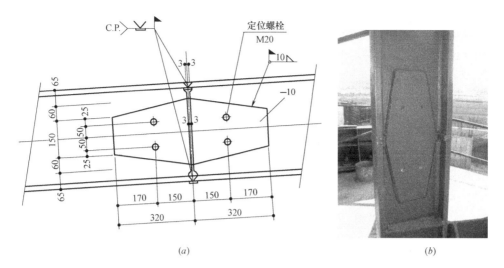

图 10-29　B 类梁架对接节点

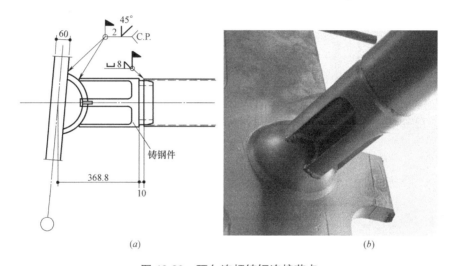

图 10-30　环向连杆铸钢连接节点

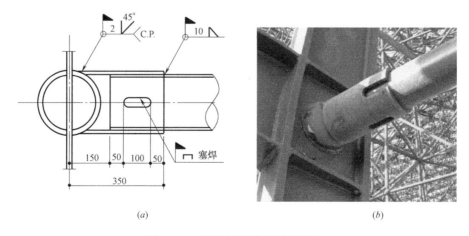

图 10-31　环向连杆套筒连接节点

2. 焊接方法和焊材的选用

现场焊接采用手工电弧焊和 CO_2 气体保护焊两种方法。焊条选用 SHJ507，焊丝选用 TWE-711（$\phi1.2$）药芯焊丝。CO_2 气体保护焊焊接参数见表 10-6。

CO_2气体保护焊焊接参数 　　　　　　　　　　　　表 10-6

	道次	焊接方法	焊条或焊丝		焊剂或保护气体	保护气体流量（L/min）	电流（A）	电压（V）
			型号	直径				
焊接工艺参数	打底	FCAW-G	TWE-711	$\phi1.2$	CO_2	25	220	32
	中间	FCAW-G	TWE-711	$\phi1.2$	CO_2	25	250	38
	盖面	FCAW-G	TWE-711	$\phi1.2$	CO_2	25	210	32

3. 焊接预热及后热方法

现场大量为 60mm 厚钢板的焊接接头，且不可避免处于冬期施工，为保证预热效果，主要采用电加热的方式进行预热和后热（图 10-32）。

图 10-32 电加热预热

4. 焊接顺序

（1）顶环梁焊接。

顶环梁区域东西长 60m，宽约 38m，周圈环梁长约 160m。如此大的钢环梁，焊接变形较大，为尽量减小焊接变形和应力，焊接顺序整体上采取以南北向正交轴为对称轴，两侧基本同步进行焊接的原则，每个大节点的焊接遵循对称进行的措施，每根构件的两端不可同时焊接。

1）环梁焊接顺序。

$\phi1117.6-26$THK 环梁全位置对接焊接由两名焊工在环梁内外两侧同时从下往上施焊，严禁一段环梁的两头同时焊接。

2）箱梁焊接顺序。

箱梁对接焊接由两名焊工在箱梁两侧同时从下往上施焊，严禁一根箱梁的两头同时焊接。焊接顺序及焊工人数设置如图 10-33 所示。

3）A 类梁架焊接顺序。

① 进行南面 14 榀 A 类梁架对接节点焊接。焊接从两端（箱梁侧）开始→中间对称进行。每榀梁架的焊接顺序从下到上，两名焊工在梁架两侧同时施焊。

② 进行北面 14 榀 A 类梁架对接节点焊接。焊接从两端（箱梁侧）开始→中间对称进行。每榀梁架的焊接顺序从下到上，两名焊工在梁架两侧同时施焊。

为减小 A 类梁架焊接的收缩变形，在进行北面 14 榀 A 类梁架对接节点焊接固定前，将节点临时连接耳板之间的间隙塞板封闭或将连接板与耳板焊接固定。

③ 散装连杆的焊接固定。分组梁架之间的散装连杆的安装焊接固定先从临时拉

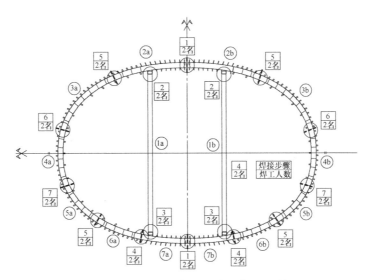

图 10-33 顶环梁焊接顺序及焊工人数

撑处开始，逐根将临时拉撑置换，然后以东西向正交轴为对称轴，向南北两侧对称进行。每道连杆的焊接顺序为先上弦连杆后下弦连杆。每根连杆的焊接顺序为：东半边散装连杆先西后东，西半边散装连杆先东后西。

焊接顺序及焊工人数如图 10-34 所示。

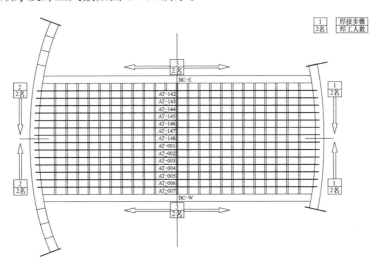

图 10-34 顶环梁区域 A 类梁架焊接顺序

4）辐射梁架焊接顺序。

辐射梁架 H 型钢节点焊接顺序随辐射梁架吊装进行。构件吊装就位且临时固定后，即可进行焊接固定，严禁一根辐射梁架的两头同时焊接。

（2）梁架焊接。

1）60mm 厚钢板对接。

钢板厚 60mm，属于大厚度板焊接，因此坡口设置成 X 形，既能减少焊缝金属熔敷量，又可采取两人对称焊接，减小焊接变形。

采用多层多道焊工艺，每一层焊道焊完后及时清理焊渣及表面飞溅物。发现有影响焊接质量的缺陷时，清除后再焊。单个接头焊缝要求连续施焊，一次完成。接头为两面施焊，反面用碳弧气刨清根。

2）H型钢对接。

H型钢的接头形式为全焊接头，采取先焊上下翼缘，再焊腹板的焊接顺序。

5. 低温焊接工艺

由于国家大剧院工程量巨大，虽然项目部采取一切可行的施工措施，尽量加快安装进度，但还是避免不了冬季的焊接施工，如大量的60mm厚钢板对接焊接。为此，项目部将冬期焊接施工列为重中之重。在施工上，通过电加热、设置保温棉、提高焊接区域环境温度等措施来解决冬期焊接施工的问题。在采取有效的措施后，保证了焊接施工的正常进行。

（1）环境温度对焊接造成的影响：

1）焊接接头冷却速度增加，冷裂纹敏感性增加。其中，多层焊接的第1道焊缝开裂倾向最大。

2）预热效果变差，在低温环境下用相同的热源、相同的时间，不能达到应有的预热效果。

3）焊接残余应力的作用加剧。

4）环境温度对焊工的操作带来不利的影响。

（2）低温焊接采取的措施：

1）焊前预热，焊时保持道间温度。

2）采用超低氢焊材。

3）点固焊时加大电流，减慢焊速，适当增大点固焊缝截面和长度，必要时施加预热。

4）整体焊缝连续焊完，尽量避免中断。

5）不在坡口以外的母材上打弧，熄弧时，弧坑要填满。

6）尽可能改善严寒下的劳动生产条件，包括焊接环境和焊工的防护措施。

规定外部气温低于0℃时，一般不准直接焊接施工，否则必须搭设防护棚，设置加热措施提高焊接区环境温度。为确保低温状态下的接头性能，进行了针对性的低温焊接工艺评定，以指导现场施工。

10.4 上海世博轴阳光谷焊接

上海世博轴及地下综合体工程（以下简称"世博轴"）位于浦东世博园核心区，南起耀华路，跨雪野路、北环路及浦明路，至滨江世博公园。南北长1045m，东西宽地下99.5～110.5m，地面以上宽80m，基地面积130699m²，总建筑面积227169m²，其中地上建筑面积42877m²，地下建筑面积184292m²。由-6.5m，-1.0m，4.5m，10m标高的平面及膜结构屋顶组成，并设有6个特征标志性强的阳光谷，以满足地下空间的自然采光，阳光谷顶端与膜结构顶棚连接。上海世博轴综合体效果图如图 10-35 所示。

图 10-35　上海世博轴综合体效果图

10.4.1　世博轴阳光谷钢结构特点

世博轴"阳光谷"共有 6 个，结构体系为三角形网格组成的单层网架。结构下部为竖直方向，到上部边缘逐步转化为环向。玻璃幕墙安装于阳光谷内侧，以满足地下空间的自然采光和雨水收集作用（图 10-36）。

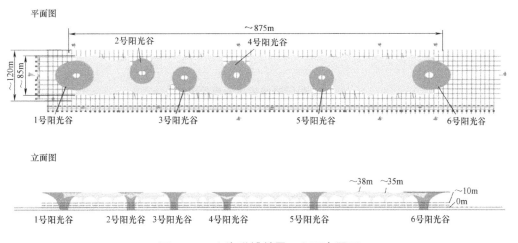

图 10-36　上海世博轴平、立面布置图

6 个阳光谷体形不一，其中 4 号阳光谷为双向对称，其余均为单轴对称。阳光谷的高度约为 41.5m，最大底部直径约 20m，最大顶部直径约 90m，6 个阳光谷总面积为 31500m^2。

阳光谷钢构件采用焊接箱形节点（部分为实心节点，采用铸钢件），截面高度 180～500mm，宽度 65～140mm，杆件长度 1.0～3.5m，材质采用 Q345B。节点总数 10348 个，构件总数 30738 件，钢结构总重约 3300t。

阳光谷钢网壳结构外形呈空间不规则状（图 10-37），体量巨大，且采用全焊接

图 10-37　世博轴阳光谷

连接，为国内外同类结构中绝无仅有，施工现场的条件又错综复杂，给安装施工带来很大挑战。钢结构主要特点和难点如下：

（1）钢结构呈空间不规则变化，没有规律可循，对现场拼装、安装及测量校正带来极大的难度。

（2）大悬挑薄壳结构在安装过程中的结构稳定控制要求高。

（3）大量的高空焊接引起的焊接变形控制难。

（4）单层网壳结构安装过程中众多杆件和节点的临时固定，连接形式的可靠性要求高。

10.4.2　世博轴阳光谷钢结构焊接特点

阳光谷大悬挑、全焊接结构的特点决定了现场焊接最大难点是对焊接变形的控制，焊接变形控制是阳光谷结构安装质量控制的至关重要的环节。阳光谷杆件数量众多，表 10-7 为 6 号阳光谷焊缝长度统计值，现场焊接总长达到 5589.9m，6 个阳光谷焊接总长更是达到 34426.22m。因此，整个阳光谷的焊接量巨大，其中，在一万多个节点中，包含了 573 个铸钢节点，铸钢与 Q345 低合金钢的焊接也是本工程的焊接重点。

6 号阳光谷焊缝长度值　　　　　　　　表 10-7

杆件截面编号	截面尺寸(mm)	杆件数量	焊缝总长(mm)
3	180×65×16×10	1054	1032920
6	180×80×16×10	63	65520
7	180×80×16×10	1059	1101360
8	180×80×16×16	362	376480
9	180×80×20×20	830	863200
10	180×80×25×10	70	72800
11	180×80×25×16	562	584480
12a	180×80×30×20	122	126880
15	180×80×full×full	95	98800
17	180×100×20×20	7	7840
18	180×100×25×16	6	6720
19	180×100×30×20	49	54880
20	180×100×30×30	12	13440

续表

杆件截面编号	截面尺寸(mm)	杆件数量	焊缝总长(mm)
21	180×120×34×34	48	57600
23	215×100×40×20	221	278460
23a	215×120×40×20	4	5360
26	220×100×30×20	36	46080
32	240×120×34×30	46	66240
34	290×100×40×20	172	268320
40	365×120×40×20	134	259960
42	400×120×40×20	10	20800
48	500×140×40×30	71	181760
总计		5033	5589900

10.4.3　世博轴阳光谷钢结构焊接工艺

根据阳光谷大体量单层网壳全焊接的结构特点，将焊接变形作为控制重点，对整个阳光谷现场焊接制定了总体施工焊接顺序，归纳为"统一对称、分区进行；单杆单焊、双杆双焊；隔环焊接；分环合拢"。具体为"三环安装完成后，开焊第一环；安装和焊接保持合理的步距"，利用结构自身刚度对焊接变形予以适当约束，以期达到减小结构变形、协调结构变形的目的。

1. 节点临时连接构造设计

阳光谷杆件众多，全焊接接头节点的临时连接固定要求高，既要确保接头装配质量，以利于焊接施工，同时又要方便调节固定、加快安装速度，因此设计应用了抗侧移端面顶紧临时连接节点构造（图 10-38）。该节点是对常用的连接板节点进行了改

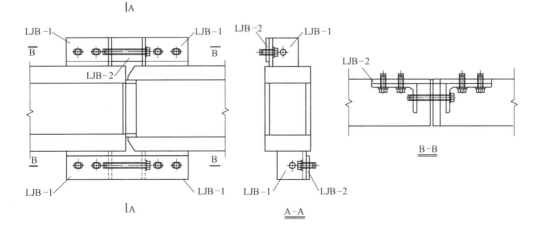

图 10-38　节点临时连接固定图

进，在构件的上下翼缘焊接角钢，通过螺栓连接相邻角钢将构件端面顶紧，再用连接板通过螺栓与相邻角钢相连固定组成稳固的节点构造。

2. 焊接实施

（1）统一对称、分区进行。

以平面圆为基准，分为 4 个焊接施工区，每个焊接施工区域布置一个焊接施工班组，保证每个班组的焊机数量与焊工人数相近，焊接电流、电压及焊接速度尽量一致，以圆心为对称点进行焊接。

（2）单杆单焊、双杆双焊。

针对节点间杆件的焊接，采用单杆单焊、双杆双焊焊接原则。单杆单焊，即两个节点与中间杆件的焊接，先焊接一端，待焊缝温度冷却至常温时方可进行另一端的焊接；双杆双焊，即两根杆间与节点间的焊缝，采用两人对称焊，要求保证焊接速度、焊接电流、电压参数基本一致，如图 10-39 所示。

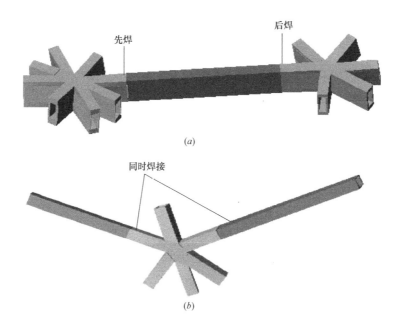

图 10-39　节点与杆件焊接顺序图
（a）单杆单焊；（b）双杆双焊

（3）隔环焊接。

先将结构安装至第三环，确定各环安装螺栓紧固连接已达到要求，并进行精度确认后方可进行第一环钢结构的焊接工作。首环焊接结束后，进行第四环钢结构的安装，安装固定后进行第二环钢结构的焊接，焊接顺序同首环钢结构的焊接顺序，以此类推，直至安装结束。

（4）分环合拢。

焊接时，每环设置焊接合拢，相邻环合拢位置依次错开 45°，控制顶环合拢温度。

合拢温度就是钢结构在合拢过程中的初始平均温度，区别于大气温度，是结构使用中温度的基准点，也称安装校准温度，其确定原则如下：

1）确定结构合拢温度时，应使合拢温度接近平均气温，也就是可进行施工的天数中所占比例最大的气温。

2）确定合拢温度应充分考虑施工中的不确定因素，预留一定温度的允许偏差。

3）合拢温度应尽量设置在结构可能达到的最低温度之间，使合拢结构受温度影响降到最低。

3. 铸钢与 Q345 的焊接

铸钢件的焊接首先是控制铸件的材料性能，将铸钢的合金元素（主要是碳当量）控制在适合焊接的范围（$C_{eq} \leqslant 0.42$）。其次对焊接接头坡口区域，出厂前进行无损检测，如发现有超标缺陷在工厂返修。现场焊接前对接头进行预热，预热温度为 80～100℃，层间温度控制在不低于预热温度，但不宜超过 200℃。采用氧-乙炔烘枪加热，预热范围为：焊缝两侧，每侧宽度应大于焊件厚度的 2 倍，且不小于 100mm。测量温度用红外线测温仪，测量点距离焊缝 75mm 处。

4. 焊接变形监测

为了验证所指定的焊接顺序是否能达到预期效果，选择先期施工的 3 号、4 号阳光谷进行焊接过程的结构变形实时监测，以实测数据加以验证（图 10-40）。

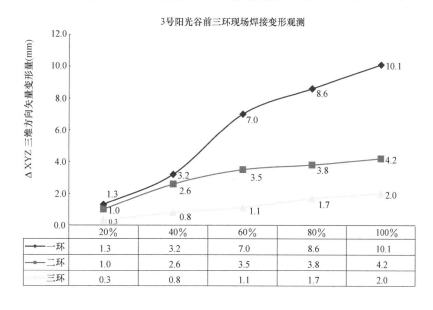

	20%	40%	60%	80%	100%
一环	1.3	3.2	7.0	8.6	10.1
二环	1.0	2.6	3.5	3.8	4.2
三环	0.3	0.8	1.1	1.7	2.0

图 10-40　阳光谷焊接变形监测图

（以 3 号阳光谷为例，一环四个监测点，表内数据经拟合处理）

监测点均匀分布于谷外表面，在已选定监测基站架设智能全站仪，运用其自动搜索、捕捉功能对结构变形观测点进行实时监测，观测并记取测点各施工阶段的空间三维坐标数值，依次为施焊前、焊接过程中（完成 20%、40%、60%、80%）及最终成型。

　　监测选择在气温相对较稳定的凌晨或傍晚进行，以消除日光照射及温度变化对结构产生的影响，观测数据完全反映因焊接收缩所引起的变形量。同一仪器、同一测站（后视）及同一高程起算点，采用全圆观测方法，通过增加测回及数测量数据经平差处理，以提高观测精度及数据准确性。数据及时反馈，指导后续焊接作业，第二、三环跟踪监测，观测实施效果。

　　由图 10-40 显示，"三环安装完成后，焊接第一环"的焊接总体顺序是可行的，第一环在焊接过程中，上部结构的变形均得到有效控制，且是呈协调发展态势的。上述工艺不仅使施工质量得到了保证，而且为吊装和焊接工序的合理衔接提供了依据。

第 11 章
钢结构焊接机器人技术

11.1 钢结构焊接机器人概述

焊接机器人是在焊接生产领域代替焊工从事焊接任务的工业机器人。焊接机器人在高质量、高效率的焊接生产中，发挥了极其重要的作用。

随着计算机控制技术、人工智能技术以及网络控制技术的发展，焊接机器人也由单一的单机示教再现型向以智能化为核心的多传感、智能化的柔性加工单元（系统）方向发展。近年来，焊接机器人技术的研究与应用在焊缝跟踪、信息传感、离线编程与路径规划、智能控制、电源技术、仿真技术、焊接工艺方法、遥控焊接技术等方面取得了许多突出的成果。随着计算机技术、网络技术、智能控制技术、人工智能理论以及工业生产系统的不断发展，焊接机器人技术领域在集成视觉控制技术、模糊控制技术、智能化控制技术、嵌入式控制技术、虚拟现实技术、网络控制技术等方面将是未来发展的主要方向。

当前焊接机器人的应用迎来了难得的发展机遇。一方面，随着技术的发展，焊接机器人的价格不断下降，性能不断提升；另一方面，劳动力成本不断上升，我国经济的发展，由制造大国向制造强国迈进，需要提升加工手段，提高产品质量和增加企业竞争力，这一切预示着机器人应用及发展前景空间巨大。

11.1.1 钢结构焊接机器人需求

目前建筑钢结构行业，由于优秀焊工紧缺，所以开始重视焊接自动化技术。国外已经有能够自动检测焊接坡口形状、长度、厚度，并自动调节焊接参数、自动进行焊接直到全部焊完的"迷你"型机器人，这正是建筑钢结构所需要的机器人。国内虽然已经进入示教机器人领域，但同国外相比尚有一定差距，应用范围有限。建筑钢结构采用机器人自动焊肯定是大势所趋，这是我们的努力方向。目前最困难的是建筑钢结构设计标准化，标准化实现的速度越快，水平越高，越有利于焊接机器人自动焊技术的推广应用。焊接机器人自动焊技术涉及面很广，包括经费的投入、管理体制的调整及人员习惯的改变等，因而困难会很大，所以不能求大、求全、求快。在任何情况下都要把提高建筑钢结构施工质量、提高企业经济效益作为推行技术进步的根本目的。

世界工业发达国家焊接自动化程度已高达 80%，因此在工效和质量上都有很大的优势。而在我国按手工焊和自动焊消耗的焊材估算，名义上焊接自动化程度为30%，相比之下存在很大差距。随着建筑焊接结构朝大型化、重型化、高参数精密化方向发展,焊接手工操作的低效率和质量的不稳定往往成为生产效率的提高和产品质量稳定性的最大障碍。为适应高强、厚板、长焊缝的特殊要求,焊接水平特别是自动焊水平的提高是实现钢结构技术快速发展的关键所在,因此,迅速提高我国焊接自动化程度已经成为一项刻不容缓的重要任务。

11.1.2 国内外焊接机器人比较

钢结构焊接主要分为工厂车间焊接和施工现场焊接。由于工厂生产条件相对较好,工况简单,采用自动化生产线和机器人自动化焊接技术手段容易得到保证。日本在高层、超高层建筑钢结构中,除采用轧制 H 型钢外,工厂制作焊接 H 型钢一般都采用高效的埋弧自动焊,且厚板往往采用双丝或多头多丝;日本广泛采用埋弧贴角焊工艺,可同时焊接两条焊缝,而基本淘汰了船形位置焊;隔板则采用管焊条电渣焊或丝极电渣焊;中、薄板则采用 CO_2 气体保护焊(实芯焊丝或药芯焊丝)焊接;特别是日立造船堺工场介绍的钢结构生产“4C”控制,即“CAD”(计算机辅助设计)、“CAM”(计算机辅助加工)、“CAT”(计算机辅助检测)、“CAE”(计算机辅助评价),已能够很大程度提高钢结构的生产效率和产品质量。同时小巧的 CO_2 药芯焊丝自动焊爬行移动焊接机器人,实现高效焊接。欧美发达国家为进一步提高生产效率,开发了一种四元气体的高速焊接,由于这种气体的成本较高,影响了这个新工艺在我国的推广使用。同时,他们也在开发高效、节能、低排放、低污染的搅拌摩擦焊在钢结构焊接方面的应用,而我们在这方面还几乎是空白。

日本建筑钢结构制造焊接自动化技术也大量朝焊接机器人方向发展,日本神户制钢所焊接公司是唯一既生产焊接材料、焊接电源,又生产机器人系统的综合焊接厂家。焊接系统主要是由焊接机器人(操作机、机器人控制器焊接电源)、变位机(固定焊接工件)、移动装置(机器人移动装置,核芯焊接中不需要)以及计算机(内藏有钢结构软件)构成钢结构软件作为钢结构焊接机器人系统的中枢,其功能包括:进行工件尺寸的输入,焊接条件的归纳、生成、管理,动作形式的生成、管理,动作结果状况的归纳、管理。使用者只需在计算机界面输入焊接对象的直径、板厚、长度,即可自动实施焊接,焊缝成型美观,质量好,可以大幅度提高生产效率。

尽管我们目前与国外存在一定差距,但在巨大的市场驱动下和国内大型相关研发企业和合资公司的作用下,相信在不久的将来,我们是完全有可能去赶上甚至超过其他强国。而对于现场安装作业的焊接机器人,由于现场的复杂性、环境条件的恶劣性,预示着这条道路是比较艰辛的。

11.1.3 钢结构焊接机器人特点

钢结构现场焊接施工的条件复杂,现场需要焊接机器人体积小巧、重量轻、安装方便、操控简单。焊接机器人采用模块化配置,整套装备大多由焊接机器人执行器、多自由度焊枪调节控制器、机器人控制平台及智能化控制模块等组成,能满足超高层钢结构现场安装焊接作业需求。焊接机器人应具有焊枪姿态在线可调、焊接参数存储记忆、焊缝轨迹在线示教、焊接电源联动控制等功能，可解决厚壁、长焊缝、多种焊接位置的钢结构现场自动化焊接问题。焊接末端执行机构能实现多自由度组合，可以适应常规构件的轨迹渐变焊缝自动焊接。焊接机器人柔性本体技术和焊接过程智能化控制技术和机构模块化、操作空间/体积比大特点，可满足钢结构现场不同焊接作业需求，主要特点如下：

（1）柔性化焊接。适应焊接位置：平、横、立、仰 360°全位置焊接；适应焊缝形式包括直缝、环缝及不规则焊缝。

（2）焊接效率高。在焊接的同时，焊工可以完成焊缝的焊渣清理等工作，焊接过程可实现连续作业。与气保焊手工焊接相比，焊接效率提高 50% 以上。

（3）轨道快速安装。磁吸附式轨道采用摩擦传动，机器人本体结构精巧，安装便捷。

（4）焊接质量优异。表面成型美观，焊缝与母材过渡平滑，无损检测合格率 100%。

（5）工人劳动强度低。焊接机器人操作焊工只需调整好焊接参数，完成焊缝的示教工作，焊接机器人可以自动进行焊缝的往复焊接。

11.2　钢结构单枪焊接机器人

鉴于建筑钢结构现场安装作业环境的复杂性、不确定性。为攻克工程施工难题，需要从复杂问题中寻求规律、简化问题，由易到难逐渐突破是寻求问题解决的一个方向。钢结构发展到今天，钢结构现场安装制作中除了复杂节点外，还有大量诸如牛腿等的大厚壁长焊缝的现场焊接和制作，国家体育场"鸟巢"工程中 Q460E-Z35 钢在我国是第一次大规模生产和应用；上海中心桁架层采用 120mm 厚、单条焊缝长达 4.5m。这些结构的主要特点是厚壁、长焊缝，一个焊工长达数小时或者数天的时间才可以焊完一道完整的焊缝，这就要求焊接机器人能够具有自动排道焊接的功能，可以省去焊工反复的引弧、停机、调整焊枪的繁复工作；其二，由于这些焊缝是现场加工组对，坡口偏差大，要求机器人在往复的多次多道焊接中具备对中跟踪焊接技术；其三，钢结构现场作业，往往在高空作业，诸如，上海中心吊装一次需 0.5h，因此这就要求机器人的体积小、质量小、拆装方便。

11.2.1　焊接机器人的主要组成

建筑钢结构主要采用数字化示教焊接机器人装备。主要由焊接机器人移动小车、轨道、控制箱、焊接电源系统和手控盒五部分组成。

1. 焊接机器人的车体结构

焊接机器人移动小车是焊接过程的执行机构，具有左右移动、高低移动、焊枪角度（角摆）、车体移动 4 个自由度，这 4 个自由度采用可控的伺服电机驱动，为实现全数字化提供了最优化的数字接口。其中，通过左右、高低、角度 3 个自由度的调整，可以使焊枪嘴头在坡口的截面空间实现任意位置的调整，用以支撑坡口自动排道的硬件需求；车体移动自由度，采用一个伺服驱动电机，实现焊枪沿着坡口轨迹的方向的数字化进给；焊枪角度（角摆）自由度，是一个符合功能的驱动模块，除完成上述焊枪角度姿态的功能调整之外，还要实现焊枪焊接时的运条方式，以满足焊接作业的运条工艺要求，配合程序，实现"之"、"弓"、"点之"等摆动方式。表 11-1 列出了某一单枪焊接小车的技术参数。

单枪焊接小车技术参数 表 11-1

型号	RHC-3	小车尺寸(mm)	470×260×210
工作电压	200～240V	小车重量	12kg
摆动方式	弓、之、点之、直线	额定功率	800W
摆速	0～255cm/min	摆幅	±25mm
左滞时	0～3s	右滞时	0～3s
行走速度	0～120cm/min	适应管径范围	≥168mm
角摆模块	有	导轨规格	柔性轨道或刚性直轨道
计算机管理系统	可选	高低电动调节模块	有
联机控制	有	焊缝轨迹示教模块	可选
位置传感器	可选	手控盒	有

注：送丝速度及焊接电压设置范围与配套焊接电源相关。焊接小车可适应各种直径的导轨，但每一种导轨只能适应一定的管道管径范围。

2. 焊接机器人轨道

按照钢结构焊接机器人现场施工的安装形式，可以分为无导轨式和有导轨式，其中有导轨又可以分为刚性直轨道、刚性圆轨道和柔性轨道等多种类型。

（1）无导轨焊接机器人。

考虑到现场安装方便，国内开发出了无导轨焊接机器人系列产品。以磁吸式轮式传动代替导轨，由左右两个交流伺服电机驱动实现四轮行走，利用磁轮的强大吸附力将无导轨焊接机器人可靠的吸附于工件的表面，实现复杂渐变式构件表面的各种空间位置全位置稳定爬行，包括前进、后退、拐弯等各种运行方式。车体载有焊枪二维姿态调整模块和焊枪摆动模块，实现构件的多种焊接方式和全位置焊接技术。其技术特点有：①无导轨导向，现场安装方便；②适用于碳钢等可导磁金属的焊接；③可实现焊缝的自动跟踪；④适合全位置焊接。

无导轨焊接机器人又因跟踪传感技术的不同形成不同的细分产品，图 11-1 (a)所示为无导轨光电跟踪焊接机器人在某蓄水发电站高强钢压力管的现场焊接；图 11-1 (b) 为无导轨自适应管道焊接机器人在某输水管道现场焊接。

（2）刚性轨道焊接机器人。

刚性轨道焊接机器人一般采用了齿轮齿条啮合，根据导轨的具体形式不同分为刚性直轨道和刚性圆轨道两种类型。刚性圆轨道则是用于圆管的焊接。刚性直轨道适用于钢结构直焊缝的焊接，采用轻质铝合金材料，结构为滚动方式导向、齿式传动，该

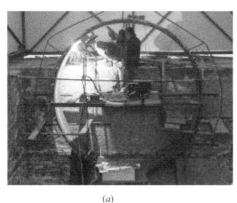

(a)　　　　　　　　　　　　　　　　　　　(b)

图 11-1　无导轨焊接机器人

轨道规格以标准 2m 长度为单位，模块式组对安装；轨道与车体为可快速拆卸的连接方式；轨道与工件连接方式是通过可消磁的磁力支座连接，便于快速现场安装。另外，考虑钢结构墙板的栓钉结构，机器人要通过 200mm 的栓钉移动，磁力支座和导轨之间的连接设计成分体结构，对于不同场合可选用不同连接板的高度。由于栓钉也影响支座的空间安装位置，如果支座与导轨采用固定口的连接，势必造成现场安装冲突，所以也要求导轨和支座之间采用快速连接结构。

具体技术特点有：①刚性轨道焊接机器人因为采用了齿轮齿条啮合，传动精度较高；②适应于碳钢、不锈钢等金属的焊接；③可采用焊缝示教等跟踪技术；④适用于全位置焊接。

如图 11-2（<i>a</i>）所示为刚性直轨道焊接机器人用于国家体育场（"鸟巢"）的钢结构焊接，图（<i>b</i>）为某特大桥桥梁拱钢结构的焊接。

(a)　　　　　　　　　　　　　　　　(b)

图 11-2　刚性轨道焊接机器人

（a）直轨道焊接机器人；（b）圆形轨道焊接机器人

（3）柔性轨道焊接机器人。

为了满足建筑钢结构形状复杂多样的需求，在刚性轨道研究基础上，衍生出系列柔性轨道焊接机器人产品。采用柔性轨道，可以适用于平面结构或者曲面结构焊缝的焊接，拓宽了柔性轨道焊接机器人的应用场合。柔性轨道长度可任意定制，使用可开关的磁力座固定轨道，安装操作方便，机器人采用摩擦传动，优越于国外的齿式传动的柔性轨道焊接机器人，不仅运行平稳，而且可以满足连续不同曲率的变化需求，可适用于各种不同曲率工件的自动焊接。另外，机器人具有记忆跟踪功能、可在线修改焊接工艺参数，具有直摆和角摆两种摆动方式。具体技术特点有：①柔性轨道焊接机器人可适用于平面、曲面的焊接；②适应于碳钢、不锈钢等金属的焊接；③可采用焊缝示教等跟踪技术；④适用于全位置焊接。

11.2.2 焊接机器人的智能控制

1. 焊接机器人轨迹跟踪控制

由于导轨安装时的偏差，以及坡口轨迹为曲线或折线，这就要求机器人具有焊缝轨迹跟踪功能，才能满足现场焊接工作需求。对于现场作业的移动焊接机器人，常规的办法就是选用各种传感器。众所周知，由于焊接电弧的复杂性和工作现场的不确定性，使得传感器跟踪方法的应用大大受到了局限。因此，借鉴关节机器人的常规轨迹控制办法，在移动焊接机器人上开发了一套示教控制程序，可以解决焊枪相对坡口位置的三维空间的轨迹跟踪问题。尤其对于大型厚壁钢板的多层多道焊接，焊工只要合理选取空间几个特征位置进行存取，就能很方便地解决坡口跟踪问题。示教操作使用一个选点按钮和一个存储按钮，操作简单，焊工无需培训即可掌握，易于推广。

2. 焊接机器人坡口组对偏差调整

在大型构件的现场组对过程中，往往会出现喇叭形坡口，一端大一端小的现象，对于采用机器人的自动化焊接来说，遇到这种情况需要人工手动干预，常常增加运动参数和焊接参数的实时调整，调整参数多、变化快，有些参数来不及调好，造成焊缝成形不好，甚至影响焊接质量，严重影响了焊接机器人现场推广应用的使用性。通过开发出焊接机器人的坡口组对偏差自动调整功能模块，操作者输入焊缝偏差，机器人就能够依据偏差等信息，进行智能控制，自适应调整机器人的焊接电流、电弧电压等焊接工艺参数和机器人5个运动控制参数，实现坡口偏差的自动化焊接。

3. 焊接机器人焊缝坡口焊道自动规划

钢结构构件常常是厚壁的长焊缝，对于机器人多层多道的自动化焊接，在试件的两端需要焊工启停机器人，调整焊枪角度和姿态，手动操作机器人的参与量的增加，不仅增加工人的工作量和劳动强度，而且也降低了工人对于焊接机器人的使用兴趣，不利焊接机器人的推广。焊接机器人焊缝坡口焊道自动规划功能控制模块，则依据坡口类型、焊接位置、焊接方式、焊件材料、坡口厚度，建立了坡口规划管理数据库，分类存储若干坡口焊缝排道的数据。操作者焊接时，在设定焊缝长度、板厚等参数后，机器人自动调用坡口规划数据程序，不停机连续焊接，实现整个焊缝的多层多道的自动化焊接。

4. 焊接机器人焊接参数与运动参数管理数据库

讨论机器人焊接自动化，离不开机器人电源的焊接参数和机器人实施焊接的运动参数，如果这些参数的调整可控制，一直脱离不了人工操作，那么就无法实现自动化焊接，更上升不到机器人的控制。所以，有一个与焊接工艺相互匹配的机器人焊接的数据库管理系统，实现机器人的自动化焊接是十分必要的。开发出基于自学习的机器人全位置焊接专家系统，根据有经验的焊接专家和焊接技师的焊接经验，采用基于自学习功能的智能控制技术，解决只有专业技能的专家才能够建立焊接专家数据库的瓶颈，实现普通焊工就可以建立专家数据库，便于数据库的真正推广和实用化。该数据库系统，不仅解决了现场实时焊接的数据调整及控制问题，而且焊接时的数据可以生成可视化的 EXCEL 文件，便于对焊接数据存档和管理。

5. 焊接机器人焊接作业控制管理

由于焊接作业的复杂性，决定了焊接控制的复杂和多样性，如何优化和使用好这些功能，对于焊接机器人使用的便捷性、可控性和人性化等方面都是十分重要的。通过长期的现场应用实践，对焊接机器人焊接作业的参数进行优化总结，开发出焊接机器人焊接控制操控功能管理模块。对于焊接方式、运动控制、焊缝示教、坡口规划管理、焊接方向、参数库管理、往返焊接、焊缝长度、焊缝接头偏移量、焊缝组队偏差等参数进行优化分类，建成良好的可控制的机器人操控界面。

6. 焊接机器人焊接工艺参数

表 11-2、表 11-3 列出了常用的焊接机器人焊接工艺参数。

平、横焊焊接工艺参数　　　　　　　　　　　　　　　　表 11-2

焊接工艺参数	道次	焊接方法	焊条或焊丝		焊剂或保护气体	气体流量 (L/min)	电流 (A)	电压 (V)
			型号	直径				
	打底	FCAW-G	E501T-1	$\phi1.2$	CO_2	20	180～200	20～22
	中间	FCAW-G	E501T-1	$\phi1.2$	CO_2	25	240～260	26～30
	盖面	FCAW-G	E501T-1	$\phi1.2$	CO_2	25	220～240	24～26

立焊焊接工艺参数　　　　　　　　　　　　　　　　表 11-3

焊接工艺参数	道次	焊接方法	焊条或焊丝		焊剂或保护气体	保护气体流量 (L/min)	电流 (A)	电压 (V)
			型号	直径				
	打底	FCAW-G	E501T-1	$\phi1.2$	CO_2	20	160～180	18～20
	中间	FCAW-G	E501T-1	$\phi1.2$	CO_2	25	180～200	20～22
	盖面	FCAW-G	E501T-1	$\phi1.2$	CO_2	25	200～220	22～24

11.2.3 单枪焊接机器人工程应用

1. 上海中心大厦伸臂桁架焊接

上海中心大厦桁架层是工程焊接的难点和重点，材质为 Q390GJC，其伸臂桁架的立焊缝最长约 4m，板厚达 140mm，仅此一条焊缝就须两名焊工连续焊接近 40h。上海中心大厦共有 8 道桁架层，每个桁架层有长 2～4m、板厚 80～140mm 的焊缝在 50 条以上。由于现场焊接量相当大，常规的手工焊接效率不高，且焊接质量不稳定。为提高现场焊接效率和质量，解决桁架层几百条大厚板、长焊缝的焊接难题，我们将焊接机器人技术应用到桁架层高空焊接（图 11-3）。

焊接操作工根据现场需要装配轨道长度，把自动焊匹配使用的焊接控制箱、焊接电源及送丝机通过焊接电缆与焊接小车相连接，焊接保护气瓶通过气管与控制箱连接。焊接操作工利用焊接机器人示教功能对焊缝进行示教操作，保证焊接过程中熔池中心与焊缝中心一致，实现焊接参数的优化组合，可进行连续焊接。

 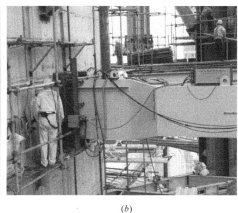

(a)   (b)

图 11-3　焊接机器人桁架层焊接

2. 北京新机场航站楼主体钢结构焊接施工

北京新机场航站楼主体是有 8 个 "C" 形柱与其支撑起的网状屋盖组成，全部为钢结构形式，焊接工作量大。采用机器人焊接需要解决了高空作业机器人轻量化、复杂工况柔性匹配、全位置焊接及厚板多层多道焊智能控制等关键技术。结合新机场钢结构建设的施工工艺特点，采用了刚性直轨道焊接机器人、柔性轨道焊接机器人和管道焊接机器人 3 款移动式焊接机器人进行了现场焊接施工。

施工对象涉及北京新机场航站楼（核心区）3 号 "C" 形柱焊接，网架球节点与圆管杆件相贯焊接、中央连桥、陆侧高架桥钢结构。图 11-4 所示为焊接机器人进行 "C" 形柱的焊接施工，图 11-5 所示为管道焊接机器人进行网架球节点与圆管杆件之间的焊接。

3. 焊接机器人在港珠澳大桥钢主梁大节段拼装焊接

港珠澳大桥钢主梁节段采用大节段整孔制造技术，标准节段长 85m，由 9～10 个

(a)　　　　　　　　　　　　　　　　　(b)

图 11-4　焊接机器人进行北京新机场"C"形柱焊接施工
(a) 横焊；(b) 立焊

(a)　　　　　　　　　　　　　　　　　(b)

图 11-5　北京新机场球节点与圆管杆件现场机器人焊接

小节段组成，如图 11-6 所示。小节段间采用焊接连接，施工方案为：板单元组焊→钢主梁小节段组焊→钢主梁大节段组焊→预拼装→桥位环缝焊接。根据钢主梁大节段整孔制作方案，钢主梁小节段焊接完成后，相邻两节钢主梁腹板立位焊缝采用传统的人工焊接，焊接效率和焊接质量不易保证，且因焊缝质量导致的返修将会影响到钢主梁大节段制造的线型控制。

　　项目实施过程中，引入了刚性轨道焊接机器人在港珠澳大桥 CB05-G2 标浅水区钢主梁 46 个大节段钢主梁腹板对接中进行焊接施工。如图 11-7 所示，采用移动式机器人焊接的焊缝外观匀顺、一致性好，外观成型美观，焊接的 652 条焊缝一次探伤合格率达到 100%。

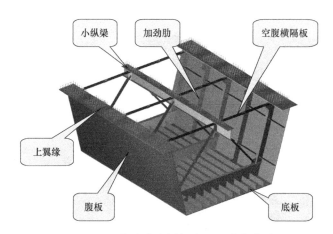

图 11-6　港珠澳大桥钢主梁小节段构造

　　　　　　　(a)　　　　　　　　　　　　　　　　(b)

图 11-7　港珠澳大桥钢主梁大节段腹板对接机器人自动焊

11.3　钢结构高效双枪焊接机器人

11.3.1　焊接机器人的主要组成

　　为了提高钢结构现场安装作业焊接效率，建筑钢结构也可采用双枪焊接机器人施工。该机器人是在轨道式焊接机器人的基础上，除了保留全部单枪焊接机器人的功能和优点的前提下，新增加一套焊枪姿态调整机构和焊枪摆动器，实现全数值化同步控制。

　　DGW-100 双枪高效焊接机器人能同时夹持两把焊枪完成全自动焊接作业，在建筑钢结构中实现高效焊接。配备两套独立的焊枪夹持运动机构，能实现双枪的独立运动焊接或双枪配合联动焊接。摆动模式为角摆，提升了焊缝熔合质量和焊缝成形，提高了坡口的适应性。采用刚性直轨道，快开式磁吸附吸盘，机头与轨道安装方便，配置双枪高效焊接参数管理系统，焊缝轨迹示教跟踪，实现焊接过程参数自动控制。表11-4 列出了双枪焊接机器人的主要技术参数。

双枪焊接小车技术参数　　　　　　　　　　　表 11-4

型号	DGW-100	焊接小车尺寸(mm)	570
工作电压	200～240V	焊接小车重量	15kg
额定功率	1000W	导轨规格	2m/根,齿轨
行走速度	0～160cm/min	导轨连接	快开拼接
角摆模块	有	摆动方式	弓之、之、点之、直线
摆速	0～255cm/min	摆幅	±25mm
左滞时	0～3s	右滞时	0～3s
高低电动调节模块	有	焊缝轨迹示教模块	可选
联机控制	有	工艺参数管理系统	有
手控盒	有	位置传感器	可选
焊接方法	熔化极气体保护焊	焊枪	直柄、水冷
双枪控制	独立或者协同控制	视频监控	可选(微型视频采集系统,4.2英寸、9英寸双视频监控)

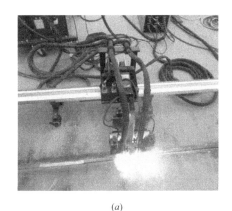
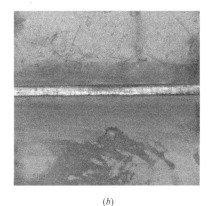

(a)　　　　　　　　　　　　　　　　(b)

图 11-8　双枪焊接机器人现场焊接

在通过平行于焊缝的前后两把焊枪同时焊接，并配合可铺设于待焊轨迹的轨道，实现复杂轨迹全位置高效自动焊接（图 11-8）。新型智能化焊接机器人整套装备主要包括控制箱、触摸屏、手控盒焊接小车、导轨及焊接系统（图 11-9）。

1. 控制箱

控制箱是焊接机器人控制系统的核心部件，装有包括电源接口、手控接口、联机接口、驱动接口、信号接口在内的多个接口，分别连接手控盒、焊接电源和焊接

图 11-9　焊接机器人系统组成

小车，通过接收手控盒和触摸屏的指令，控制焊接小车的动作和焊接电源的启停，从而实现不同的焊接模式、不同运动控制方式以及不同参数控制方式下的智能化焊接。

2. 触摸屏

触摸屏位于控制箱顶部的黑色小箱中，通过它可以选择焊接模式、根据工件状况设定焊接层数和道数，并可在参数表中输入车速、电流、电压等焊接参数，实现对厚板坡口的多层多道自动焊接，并可在焊接中实时监控电流、电压等焊接参数，在必要时还可以通过它来进行焊接机器人的启停操作。

3. 手控盒

手控盒是堆焊机器人重要的控制部件，通过手控盒可以实现对焊接机器人各种焊接操作的控制。调整焊枪位置、选择摆动方式、调整焊车行走速度、行走方向；调整焊枪摆速、摆幅及左右滞时等焊枪运动和摆动参数；执行"轨迹存储"，对焊缝轨迹进行记忆存储；执行"坡口规划"，对坡口形状进行记忆存储；与触摸屏配合，进行选择不同的焊接方式；控制焊接电源的启停，调整焊接电流和电压。

11.3.2 双枪焊接机器人的特点

新型双枪焊接机器人主要用于厚板的横焊、立焊及堆焊，双枪同时焊接可以大幅提高焊接效率，降低生产成本。在现场焊接时，将焊接机器人安装在磁吸式轨道上，在行走机构的带动下，沿轨道行走。当两把焊枪处于同一状态时，可成倍提高焊接效率。当进行打底焊或其他仅需要单只焊枪工作的场合，可控制单只焊枪进行焊接。

轨道式全位置双枪焊接机器人具有焊枪姿态在线可调、焊接参数存储记忆、焊缝轨迹在线示教、焊接电源联动控制等功能，可解决各种壁厚、长焊缝、多种焊接位置的钢结构现场自动化焊接问题。焊接末端执行机构能实现多自由度组合，全面适应常规构件的轨迹渐变焊缝自动焊接；焊接机器人柔性本体技术和焊接过程智能化控制技术，满足钢结构现场不同焊接作业需求。它的主要特点有：

（1）可根据需要建立"横焊"、"堆焊"、"立焊"三种参数表，并分别存储多种焊接参数，适应不同场合的焊接需要。

（2）特有的"坡口规划"功能，可将坡口内每个焊道的位置信息进行存储，从而实现厚板坡口的自动焊接。

（3）具有"轨迹存储"功能，可记忆焊缝位置偏差及焊枪高度偏差，因而在焊接过程中自动调节焊枪以适应焊缝的变化。

（4）特有的"坡口偏差自动校正"功能。对于坡口两端宽度不同的坡口，只需输入坡口起点宽度、终点宽度以及焊缝长度等数据，机器人可自动完成该坡口的焊接。

（5）提供焊接电源控制接口，可协调控制两部焊接电源的焊接电流、电压，实现焊接过程的联动控制，提高焊接质量和效率。

（6）手控盒与触摸屏控制相结合，实现焊车运动与焊接参数的智能化控制。

全位置双枪焊接机器人具有在线焊缝轨迹示教、全位置焊接参数示教、离线焊接参数设置等智能控制手段，可适应不规则焊缝的轨迹跟踪、实现多层多道焊及全位置焊的自动化焊接，并可灵活方便地完成多台焊接电源的焊接参数设置。

11.3.3　双枪焊接机器人工程应用

建筑钢结构双枪焊接机器人可沿着固定轨道往复运行，轨迹重复性高，易于实现跟踪控制，系统稳定可靠，效率较高，适用于预制及现场全位置焊接。

在全位置焊接施工中，由于焊接位置不同，焊接电流、焊接电压、焊接速度、焊枪摆动速度、焊枪倾斜角度等都有较大变化，需要根据不同焊接位置调节各种焊接参数，以保证焊接质量。采用工人手动调节各种焊接参数的方式难以适应全位置全自动焊，将成熟的焊接工艺参数存储于系统中，并在焊接过程中进行实时调用，能有效解决这一难题。

如图 11-10 所示，在采用焊接参数程序控制之前，必须通过焊接工艺试验，获得满足焊接工艺要求的各焊接工艺参数，并通过控制箱上的液晶触摸屏将这些经验数据输入到控制系统中。在焊接过程中，系统将能够自动判断焊接机器人所处的焊接位置，并调用与该位置相对应的焊接工艺参数，通过控制系统输出去控制焊接机器人执行相应的动作。以满足焊接过程中对多种参数实时调节的需要。双枪全位置焊接机器人系统进行了大量焊接工艺试验，优化焊接工艺参数，经超声检测和力学性能测试该焊缝外观和内部质量均达一级焊缝标准，力学性能优于规范标准要求。表 11-5 列出了双枪焊接机器人的焊接工艺参数。

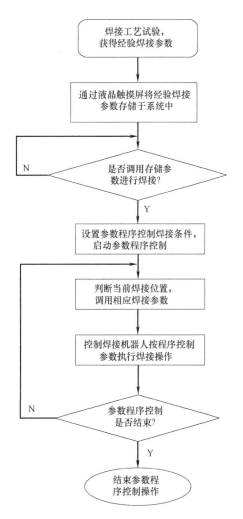

图 11-10　焊接工艺参数存储流程图

双枪焊接机器人焊接工艺参数　　　　　　　　　　　　表 11-5

焊枪位置	焊接方法	焊　丝		焊剂或保护气体	保护气体流量 (L/min)	电流 (A)	电压 (V)	速度 (cm/min)
		型号	直径					
前枪	FCAW-G	E501T-1	$\phi1.2$	CO_2	25	220～260	28～32	30-40
后枪	FCAW-G	E501T-1	$\phi1.2$	CO_2	25	200～220	26～28	30-40

昆山中环跨线桥现场焊接施工，焊缝数量多，桥面板对接焊缝均为 21m 长度的直焊缝，在双枪焊接机器人中运用在线焊缝轨迹示教功能，使焊接机器人能够快速适应此类焊缝的施工。在线焊缝轨迹示教流程如图 11-11 所示。

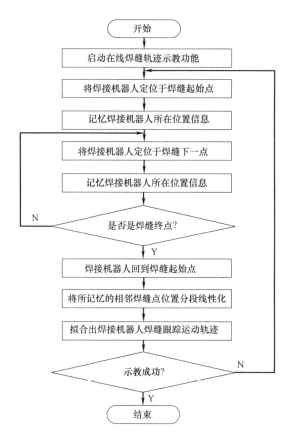

图 11-11　在线焊缝轨迹示教流程

首先，通过手控盒上的控制按钮来启动在线焊缝轨迹示教操作。该操作将焊接机器人定位于焊缝起始点，并记忆焊接机器人所在位置信息。记忆完第一点后将焊接机器人移动至下一记忆点，再次记忆该点所在的位置信息，直至记忆到焊缝终点的位置信息为止。在记忆完焊缝位置信息后将焊接机器人定位于焊缝起始点，同时系统将所记忆的相邻焊缝点位置信息进行分段线性化，从而拟合出焊接机器人焊缝跟踪运动轨迹。在焊缝轨迹示教成功后退出在线焊缝轨迹示教模式，该焊接机器人便可按示教的运动轨迹来进行焊接操作。该示教控制可实现多点的分段线性化，而适应复杂多变的不规则焊缝的机器人自动焊接。

双枪焊接机器人成功应用于昆山中环跨线桥现场焊接施工中（图 11-12）。在相同位置和条件下与手工焊接方法相比较，具有明显的优势：

（1）采用 10m 长焊接轨道，使整条焊缝的焊接接头大幅减少 90%。

（2）焊接质量优异，表面成型美观，焊缝与母材过渡平滑，无损检测合格率 100%。

（3）焊接效率高，在焊接的同时，焊工可以完成焊缝的焊渣清理等工作，焊接过

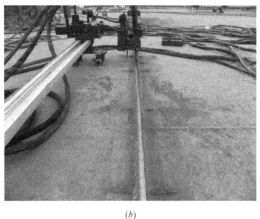

(a) (b)

图 11-12　昆山中环桥面板现场焊接施工图

程可实现连续作业。与气体保护焊手工焊接相比，焊接效率提高 100% 以上。

（4）工人劳动强度低，焊接机器人操作焊工只需调整好焊接参数，完成焊缝的示教工作，焊接机器人可以自动进行焊缝的往复焊接。

实践表明，该全位置焊接机器人系统操作方便，可控性好，焊接工作过程稳定，焊缝成形好，焊接质量高，能满足钢结构工程现场自动焊接施工作业的需要。

11.4　混联五轴焊接机器人

11.4.1　混联五轴焊接机器人的特点

混联 5 坐标焊接机器人具备空间焊缝轨迹跟踪与焊接变形控制技术，焊接末端执行机构能实现多自由度组合，既可以适应不同规格异形截面构件的轨迹渐变焊缝自动焊接，也适应于大管径多管相贯及不同规格大型异形截面（H 型钢、三角形、箱形等）构件的空间焊缝轨迹跟踪技术与焊接变形量控制技术。

整套装备分为焊接执行器、机器人平台、移动搭载平台、工作平台。其中各模块基于自主研发，控制系统基于国外成熟先进的 Keba 机器人控制器二次开发。高空焊接机器人由五自由度混联机械手、机架（高空焊接平台）、回转机构组成，如图 11-13 所示。

五自由度混联机械手为焊接机器人的主体部分，末端执行器为焊枪，用于驱动机器人完成其焊接工作。机架支撑机器人的整体结构，并将焊接机器人固定在焊接区域的建筑结构上。回转机构作为高空焊接平台，完成机器人在空间的纵向、横向的平移，使其能够达到所需的工作空间。

该机器人具有模块化程度高、结构刚性高优点，处于国际先进水平。可搭载 1 平 1 转机架及可快速吊装及精确定位的轻型大移动范围的焊接及装配用机器人搭载平台、施工平台。

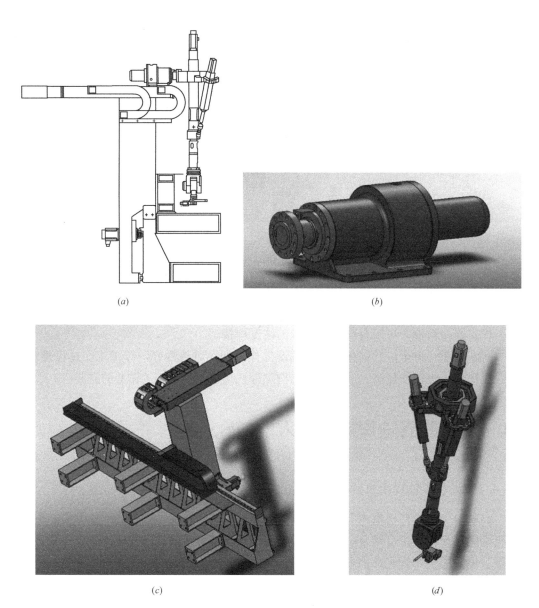

图 11-13　高空焊接机器人整体布局及组成机构

(a) 整体布局；(b) 回转机构；(c) 机架；(d) 机械手

11. 4. 2　焊接机器人的机械结构

如图 11-14 所示，数控焊接机器人是 TriVariant 机械手再添加两个移动副，一个腰部转动副后的 8 自由度变异机构，其中混联结构与 TriVariant 机械手一样，主杆通过万向节与静平台相连，静平台固连在腰部并随腰部绕滑轨转动，滑轨连接到底座上并沿着底座移动，底座能沿着焊接支架移动。三个万向节由同心的主杆套筒和外圈组成，如图 11-15 所示，主杆套筒通过共轴线 a 的两个转轴连接在静平台上，外圈可以绕 b 轴相对于静平台旋转，且 a、b 两轴相互垂直。内圈有一个舌状凸出部分，用来将丝杠螺母固定在套筒上。滚珠丝杠螺母和套筒固定在一起，主杆上端的电机通过联轴器带动滚珠丝杠旋转时，由于套筒相对于静平台不移动，所以丝杠可以相对于丝杠螺母移动，从而带动主杆实现相对于主杆套筒轴线方向的移动，同时套筒带动主杆相对于静平台绕 b 轴自由转动。主杆外壁上固定了两根导轨，在套筒的上下槽内滑动。在主杆侧面开有槽孔，当主杆相对于套筒移动时，内圈的舌状凸出部分保持在槽孔内滑动，从而限制了主杆绕自身轴线的转动。

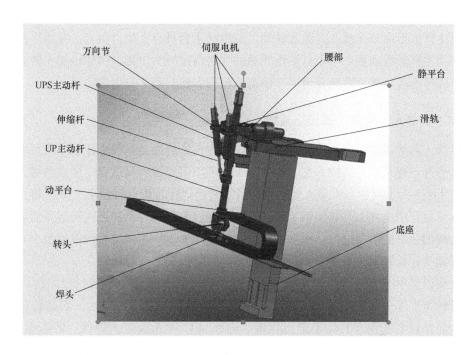

图 11-14　焊接机器人的基本结构

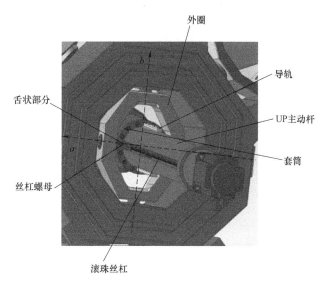

图 11-15　UP 链的局部结构

两条 UP 主动杆的结构完全相同。它们通过万向节连接在静平台上，伸缩杆外套筒的上端装有伺服电机，杆内部装有滚珠丝杠和推杆，其中丝杠螺母和推杆固定连接，作为运动部件。当电机通过联轴器带动滚珠丝杠旋转时，推杆相对于伸缩杆外壁移动，这样就可以调节整个伸缩杆的长度。伸缩杆的套筒由同轴线的两个轴销和万向节连接，伸缩杆绕此轴可以相对外圈转动，外圈又通过同轴线的两个轴销和机架相连，外圈相对于机架绕此轴线旋转，从而伸缩杆可以相对于机架在两个垂直方向上自由的转动。主杆下端和动平台固接，因此动平台可以沿着主杆的轴线方向移动，还因为连接主杆的万向节实现 2 自由度转动，所以动平台具有 3 个自由度。在动平台上装有一个绕主杆轴线和垂直于主杆轴线转动的 2 自由度转头，再在腰部添加 1 转动，在滑轨与底座上各添加 1 移动自由度，使得该机构实现空间 8 自由度运动。

11.4.3 机器人末端执行器姿态规划

机器人的焊接过程中为保证平稳、平顺，在正常的焊接过程中让末端执行器的姿态是水平并与建筑钢架结构垂直。从实际工程应用出发，焊接过程中经常会遇到转折点，图 11-16 为上海中心大厦工程中巨柱现场对接焊接转折点模拟图。为了防止在焊接转折点过程中机器人与焊接钢架结构发生干涉，末端执行器在进入转折点前应该有一定的倾斜角。倾斜角过大，则末端执行器没法进入下一面焊接。倾斜角过小，则机器人可能与建筑钢结构发生干涉，故需对末端执行器姿态进行规划。

下面以其中一个转弯点 A 为例进行末端执行器姿态分析（图 11-17）。在 A-B 段的远离转折点部分，末端执行器以水平垂直与钢架的位姿进行焊接，到达转折点 A 时，若还是以水平垂直的位姿进行焊接，则在 A-C 段无法进入焊接。若倾斜过大，则与动平台连接的转台会与 A-B 段的钢架发生干涉。

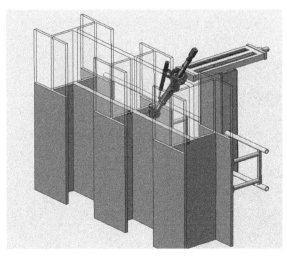

图 11-16 上海中心巨柱焊接模拟转折点

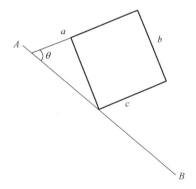

图 11-17 末端执行器倾斜模型

根据图 11-17 可计算出最大倾斜角，末端执行器的两杆长度分别为 a、b，c 为末端执行器在转台处的连接点与外边缘的距离。当转台外沿接触钢架时为末端执行器的最大倾斜角，此时：

$$\tan\theta = \frac{b}{a-c}$$

即：

$$\theta = \arctan\frac{b}{a-c}$$

在达到转折点 A 时以小于的倾斜角度进入，直到达到转折点。过了转折点以同样的倾斜角继续运动 b 距离，以保证不会发生干涉，运动 b 距离之后逐渐回到水平垂直的位姿。其他的转折点以同样的过程进行焊接。

图 11-18 为机器人末端执行器姿态控制系统主程序流程。首先对控制系统进行初始化，然后检测是否回零，确定回零之后再进行焊接，进行状态检测等。

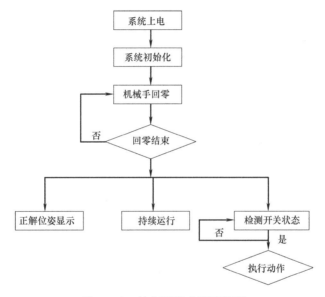

图 11-18　控制系统主程序流程

通过微动调整控制功能，实现界面操作指令对机械手末端位置和姿态的微动调整（Jog Adjustment）。依据调整对象的不同可以分为单轴调整和末端调整，单轴调整主要针对腰部、滑块、底座的调整，末端调整又可分为位置调整和姿态调整；依据调整方式又分为手动调整和指定位置自动调整。

单轴调整相对来说比较简单，只需要给出目标位置、运动速度和最大加减速度值用于控制指定电机运行。

下面介绍末端位置和姿态调整功能的实现方法。由于此种微调方法是直接对机械手的末端执行器的位置和姿态进行微动调整，所以需要将所获得的界面操作指令从操作空间映射到关节空间，即需要通过逆解模型和插补获得关节空间轨迹数据，然后对多电机进行协调同步控制，进而实现机械手末端位置和姿态的微动调整控制。在电机运动的同时将电机运行过程中的数据反馈给界面程序，通过正解算法并将末端执行器的位置和姿态显示于界面控件中。该功能的流程如图 11-19 所示。

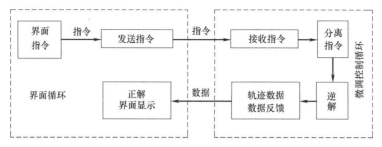

图 11-19　微动调整功能流程

机器人数字化焊接技术，不仅确保了构件焊接的精度，同时有效地减小了人为因素的差错，降低了人工操作强度，大幅降低了钢结构重要节点的制作成本，提高了构件加工的生产效率，保证了钢结构工程高质量高效率的焊接施工。通过针对大型厚壁钢板开发的坡口规划软件和数据库，建立了典型坡口的数据库，实现焊枪坡口的自动化排道和焊接电流、电压参数自动调整。

根据板厚和焊道长度要求，焊工通过人机界面设定焊道长度，依据层数、道数调用坡口排道程序，解决钢结构板材的连续焊接，能够一键实现全坡口的自动焊接，适用于钢结构的现场平、横、立、仰等位置的自动焊接。

11.4.4　混联五轴焊接机器人工程应用

1. 混联五轴焊接机器人在上海中心工程中的应用

混联五轴焊接机器人应用于上海中心大厦工程钢结构构件的焊接生产中。通过机器人数字化焊接技术，确保了构件制作的精度，同时有效减小了人为因素的差错，降低了人工操作强度，大幅降低了钢结构重要节点的制作成本，提高了构件加工的生产效率，保证了建筑钢结构工程高质量高效率的施工。

上海中心大厦工程幕墙垂直滑移支座轴体，主要规格繁多，焊接要求高，焊接工作量大，人工焊接难度大，并且焊材浪费严重。人工焊接完的半成品由于规则性差，对机加工造成大量的工作量，而机器人焊接出来的半成品规则有序，可以减少车床加工的工作量。通过焊接工艺研究，以最优化的焊接参数（电流、电压、焊接速度）配合连续在轴体表面均匀对焊一层不锈钢防锈层。既保证轴体的质量要求，同时大幅度降低轴体的成本（图 11-20～图 11-22）。

图 11-20　机器人焊接支座

(a) *(b)*

图 11-21　机器人焊接完成的半成品

(a) *(b)*

图 11-22　机加工完成的成品

2. 上海中心大厦鳍装桁架现场焊接

混联五坐标焊接机器人也具有大管径多管相贯的空间焊缝轨迹跟踪技术，上海中心大厦 119～121 层钢管对接接口焊接中成功应用了这一技术，高质量地完成了该类节点高空自动焊接（图 11-23）。

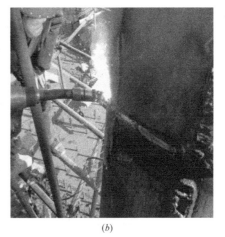

(a) *(b)*

图 11-23　焊接机器人在高空进行焊接作业

11.5 钢结构焊接机器人群组施工技术

11.5.1 上海中心大厦电涡流阻尼器质量箱焊接

上海中心大厦电涡流阻尼器位于 125 层（标高 579.300m）以上，长和宽各为 10.8m，占据 125~131 层的整个大厅空间，高度约 27m，通过吊点在 131 层的 4 组 12 根钢索悬挂。阻尼器质量箱重约 1000t，采用 Q345B 钢材，板厚 80mm，质量箱上盖板共四条焊缝，单条焊缝长度近 9m，焊接位置为平焊，非常适宜自动化焊接机器人施工。通过对称布置两台焊接机器人协同焊接，在保证焊接质量和进度的条件下，降低焊接应力和变形（图 11-24）。

(a)   *(b)*

图 11-24 阻尼器质量箱体焊接

11.5.2 引水工程水管环缝焊接

某引水工程水管直径 3.8m、板厚 40mm，采用陶瓷衬垫，单面焊接双面成形。大截面焊接配备 3 台柔性轨道焊接机器人（组）协同作业，实现焊接参数及工艺优化、参数智能精确调整下的结构施工变形量控制（图 11-25）。

图 11-25 群组焊接施工图

　　齿轮传动的磁吸附式轨道，机器人本体结构精巧，适应长距离焊接，实现了焊接末端执行机构能实现多自由度组合，适应不同规格异形截面构件的轨迹渐变焊缝自动焊接。同时具备焊缝坡口自动排道和参数自动存储调用等智能化功能，通过两台以上机器人（组）协同作业而实现高效、快速焊接。

参 考 文 献

[1] 中国机械工程学会焊接学会编. 焊接手册. 第三版. 北京：机械工业出版社，2008

[2] 陈祝年. 焊接工程师手册. 北京：机械工业出版社，2002

[3] 宋金虎. 焊接方法与设备. 大连：大连理工大学出版社，2010

[4] 刘光云. 赵敬党. 焊接技能实训教程. 北京：石油化工出版社，2009

[5] 陈祝年. 焊接工程师手册. 北京：机械工业出版社，2002

[6] 中国机械工程学会焊接学会. 焊接手册. 北京：机械工业出版社，2005

[7] 王成文. 焊接材料手册及工程应用案例. 太原：山西科学技术出版社，2004

[8] 张连生. 金属材料焊接. 北京：机械工业出版社，2006

[9] 尹士科. 焊接材料使用基础知识. 北京：化学工业出版社，2004

[10] 顾纪清. 阳代军. 管道焊接技术. 北京：化学工业出版社，2005

[11] 蒋迪甘. 焊接概论（修订本）. 北京：机械工业出版社，1987

[12] 梁桂芳. 切割技术手册. 北京：机械工业出版社，1997

[13] 徐继达. 金属焊接与切割作业. 北京：气象出版社，2002

[14] 王云鹏. 焊接结构生产. 北京：机械工业出版社，2002

[15] 中国焊接协会. 中国机械工程学会焊接学会，机械工业部哈尔滨焊接研究所. 焊工手册. 北京：机械工业出版社，2001

[16] 张文钺. 焊接冶金学（基本原理）. 北京：机械工业出版社，1990

[17] 王英杰，金升. 金属材料及热处理北京：机械工业出版社，2006

[18] 张文钺. 焊接冶金学. 北京：机械工业出版社，1990

[19] 英若菜. 熔焊原理及金属材料焊接. 北京：机械工业出版社，2006

[20] 张梅春. 金属熔化焊基础. 北京：化学工业出版社，2002

[21] 张文钺. 金属熔焊原理及工艺. 北京：机械工业出版社，1980

[22] 张文钺. 焊接传热学. 北京：机械工业出版社，1989

[23] 英若菜. 金属熔化焊基础. 北京：机械工业出版社，2004

[24] 雷世明. 焊接方法与设备. 北京：机械工业出版社，2005

[25] 吴树雄. 电焊条使用指南. 北京：化学工业出版社，2003

[26] 李亚江. 金属焊接性基础. 北京：机械工业出版社，2011

[27] 李亚江. 合金结构钢及不锈钢的焊接. 北京，化学工业出版社，2013

[28] 陈晓明. 大型复杂钢结构数字化建造. 北京，中国电力出版社，2017

[29] 中国国家标准化管理委员会. GB/T 11352—2009 一般工程用铸造碳钢件. 北京：中国标准出版社，2009.

[30] 中国国家标准化管理委员会. GB/T 5613—2014 铸钢牌号表示方法. 北京：中国标准出版社，2015.

[31] 中国国家标准化管理委员会. GB/T 7659—2010 焊接结构用铸钢件. 北京：中国标准出版社，2011.

[32] 中国工程建设标准化委员会. CECE235：2008 铸钢节点应用技术规程. 北京：中国计划出版社，2008

[33] 中国国家标准化管理委员会. GB 7233—2010 铸钢件超声探伤及质量评定方法. 北京：中国标准出版社，2010.

[34] 中国国家标准化管理委员会. GB 9444—2007 铸钢件磁粉检测. 北京：中国标准出版社，2007

[35] 中华人民共和国住房和城乡建设部. GB 50661—2011 钢结构焊接规范. 北京：中国建筑工业出版社，2012

[36] 中国国家标准化管理委员会. GB/T 1591—2018 低合金高强度结构钢. 北京：中国标准出版社，2018

[37] 中国国家标准化管理委员会. GB/T 19879—2015 建筑结构用钢板. 北京：中国标准出版社，2015

[38] 中国国家标准化管理委员会. GB/T 3077—2015 合金结构钢. 北京：中国标准出版社，2015

[39] 欧洲标准化委员会. DIN EN 10213—2016 Steel castings for pressure purposes DE-DIN，2016

[40] 陈以一，陈扬骥. 钢管结构相贯节点的研究. 建筑结构，2002，32（7）

[41] 付夏连. 钢结构用焊接 H 型钢制作及焊接变形控制. 钢结构，2015，11

[42] 国家质量技术监督局. GB T 4171—2000 高耐候结构钢. 北京：中国标准出版社，2000

[43] 欧洲标准化委员会. EN10025-1：2004 Hot rolled products of structural steels. General technical delivery conditions，2004

[44] 欧洲标准化委员会. EN10025-3：2004 Hot rolled products of structural steels. Technical delivery conditions for normalized/normalized rolled weldable fine grain structural steels，2004

[45] 欧洲标准化委员会. BSENISO14171：2016 Welding consumables—Solid wire electrodes，tubular cored electrodes and electrode/flux combinations for submerged arc welding of non alloy and fine grain steels—Classification，2016

[46] 欧洲标准化委员会. BSENISO14171：2010 Welding consumables—Wire electrodes and weld deposits for gas shielded metal arc welding of non alloy and fine grain steels—Classification，2010

[47] 国家能源局. DL/T 869—2012 火力发电厂焊接技术规程. 北京：中国电力出版社，2012

[48] 国家能源局. NB/T 47013—2015 承压设备无损检测. 北京：新华出版社，2015